Salahoddin Shokranian

EXERCÍCIOS EM ÁLGEBRA LINEAR IV

EDITORA CIÊNCIA MODERNA

Exercícios em Álgebra Linear IV

Editor: Paulo André P. Marques
Produção Editorial: Dilene Sandes Pessanha
Capa: Daniel Jara
Diagramação: Daniel Jara
Copidesque: Equipe Ciência Moderna

FICHA CATALOGRÁFICA

SHOKRANIAN, Salahoddin.

Exercícios em Álgebra Linear IV

Rio de Janeiro: Editora Ciência Moderna Ltda., 2021.

1. Matemática 2. Álgebra Linear
I — Título

ISBN: 978-65-5842-024-8 CDD 510
512.5

Editora Ciência Moderna Ltda.
R. Alice Figueiredo, 46 – Riachuelo
Rio de Janeiro, RJ – Brasil CEP: 20.950-150
Tel: (21) 2201-6662/ Fax: (21) 2201-6896
E-MAIL: LCM@LCM.COM.BR
WWW.LCM.COM.BR

02/21

SUMÁRIO

CAPÍTULO 1

CAPÍTULO 2

CAPÍTULO 3

CAPÍTULO 4

CAPÍTULO 5

Prefácio

Este é o volume quatro do livro de exercícios em álgebra linear do mesmo autor, contém 190 exercícios resolvidos. No presente livro serão abordadas algumas questões envolvendo álgebra linear e análise. Entre os tópicos apresentados existem espaços vetoriais de funções, matrizes com entradas funções (matrizes funcionais), independência linear de funções, sistema de equações diferenciais lineares, operadores diferenciais, produto vetorial, autovetor generalizado, matrizes exponenciais, variável complexa e matrizes, derivada e integral de matrizes funcionais.

Estes tópicos são, obviamente, uma parte pequena da grande quantidade de tópicos existentes envolvendo álgebra linear e análise. Os leitores interessados podem seguir por meio deste livro caminhos mais longes de futuro.

Este livro contém 5 capítulos e é destinado para estudantes de graduação de matemática, de física, de áreas da engenharia, e estudantes de pós-graduação e professores que atuam nas áreas de exatas.

A série de livros sobre exercícios em álgebra linear pode ser continuada.

Salahoddin.Shokranian@gmail.com

Capítulo 1

Espaços Vetoriais de Funções

Elementos de um espaço vetorial são chamados de *vetores*. Um vetor pode ser um número como número real, complexo, ou pode ser uma matriz com entradas de um conjunto numérico, como racionais, reais, complexos, ou podem ser funções. Por exemplo, o espaço das funções reais com domínio real é um espaço vetorial e elas são vetores para este espaço vetorial. Da mesma forma, o conjunto das matrizes $m \times n$ com entradas funções reais ou complexas de uma ou várias variáveis forma um espaço vetorial, e seus elementos são os vetores desse espaço. Neste caso a questão da independência linear, de dimensão e da base do espaço vetorial pode ser tratada com respeito de funções.

1.1 Espaço e subespaço vetorial

Começaremos com o espaço vetorial das funções $V(x)$ de uma variável x onde $x \in \mathrm{L}$ que é um intervalo no espaço vetorial $\mathbb{R}$ de números reais. Este é um espaço vetorial sobre $\mathbb{R}$. Portanto, seus vetores são funções $f\colon \mathrm{L} \to \mathbb{R}$. A soma de vetores neste espaço é a soma de funções definida pela:

$$(f+g)(x) = f(x) + g(x) \tag{1.1}$$

para todo $x \in \mathrm{L}$. O vetor nulo (elemento zero) desse espaço é aquela função que é identicamente nula (zero). Relembramos que uma função $\boldsymbol{O}$ é dita a *função identicamente nula* , se, e somente se, $\boldsymbol{O}(x) = 0$ para todo $x \in \mathrm{L}$. A multiplicação por escalar é definida na seguinte forma:

$$(af)(x) = a\, f(x) \tag{1.2}$$

para todo $a \in \mathbb{R}$ e todo $x \in \mathrm{L}$. Elemento oposto de um vetor f é o vetor $-f$ .Todas as condições de um espaço vetorial são satisfeitas para o conjunto $V(x)$ e o corpo $\mathbb{R}$, então, $(V(x), \mathbb{R})$ é um espaço vetorial.

(1) Mostre que as condições que definam um espaço vetorial estão satisfeitas para $(V(x), \mathbb{R})$.

Solução. Com referência ao livro [Sho ual] temos que verificar a validade de oito condições. A soma das funções definida em (1.1) acima, é comutativa e associativa, pois são operações no corpo $\mathbb{R}$. O elemento zero que é a função nula $\boldsymbol{O}$ satisfaz a propriedade $\boldsymbol{O} + f = f$. Também a definição de elemento oposto satisfaz a condição $f + (-f) = \boldsymbol{O}$. Com respeito das outras quatro condições, simplesmente, notamos a definição de multiplicação por escalar (1.2) acima, e o fato de que os escalares são elementos de um corpo que neste exercício são números reais.

(2) Mostre que o conjunto das funções contínuas $f: \mathrm{L} \to \mathbb{R}$ é um subespaço vetorial de $(V(x), \mathbb{R})$.

Solução. Considerando a definição do subespaço vetorial do livro [Sho ual] e sabendo que a soma de duas funções contínuas é contínua e que o produto de um número real por uma função contínua também é contínua temos o resultado desejado.

Podem ser desenvolvidos exercícios no âmbito do precedente. Por exemplo, o conjunto das funções diferenciáveis, o conjunto das funções integráveis, o conjunto das funções cujos limites num certo ponto é zero, todos são subespaços vetoriais de $(V(x), \mathbb{R})$ e ainda existem muito mais, precisamente infinitos subespaços.

1.2 A independência linear

A definição da independência linear para um conjunto de funções tem que levar em consideração um domínio comum para elas. Em outras palavras, sejam $f_1, f_2, \cdots, f_n$ um conjunto de n funções todas definidas num domínio D e não todas nulas identicamente (este domínio pode ser um intervalo na reta real, um subconjunto de corpo de números complexos, ou um subconjunto de um espaço Ω). Seja F um corpo. Esse conjunto de funções é dito *linearmente dependente*, se e somente se, existem números $a_1, a_2, \cdots, a_n \in F$ não todos nulos tal que a igualdade

$$a_1 f_1(x) + a_2 f_2(x) + \cdots + a_n f_n(x) = 0$$

vale para todo $x \in D$. Quando essas funções não são linearmente dependentes, elas são *linearmente independentes*.

(3) Mostre que as funções x e rx para todo número real não nulo r são linearmente dependentes na reta $\mathbb{R}$.

Solução. Obviamente essas duas funções não são nulas identicamente na reta $\mathbb{R}$. Então, em particular, para $a_1 = -ra_2 \neq 0$ temos que $a_1 x + a_2 rx = 0$ para todo $x \in \mathbb{R}$. Isso mostra que as referidas funções são linearmente dependentes.

(4) Verifique se as funções x e x^2são linearmente independentes na reta $\mathbb{R}$.

Solução. Sabemos que as funções x e x^2 não são identicamente nulas. Suponhamos que $ax + bx^2 = 0$ para todo $x \in \mathbb{R}$. Devemos provar que então $a = b = 0$. Para isso, notamos que então nos pontos $x = 1$ e $x = -1$ ainda a referida igualdade vale. Daí, temos o seguinte sistema:

$$\begin{cases} a + b = 0 \\ -a + b = 0 \end{cases}.$$

Portanto, $a = b = 0$ é a única solução do sistema. Logo, as referidas funções são linearmente independentes.

(5) Ache o conjunto dos pontos na reta real, onde as funções x, e^x, x^2 são linearmente independentes.

Solução. Este exercício pode ser resolvido com uso de Wronskiano a ser apresentado a seguir, mas ainda assim, podemos tentar resolver e encontrar um intervalo de pontos onde as três referidas funções possivelmente se interceptam. De fato, não existe nenhum ponto onde $x = x^2 = e^x$ pois, para todo número real x temos que $e^x > x$. Logo, podemos concluir que o desejado intervalo é exatamente a reta real.

1.2.2 O Wronskiano

Wronskiano para um conjunto finito de funções $f_1, f_2, \cdots, f_n$ é definido como determinante de uma matriz cujas entradas das linhas são respectivamente essas funções e suas derivadas de até ordem $n-1$. Portanto, uma condição necessária para a existência do Wronskiano é que as funções $f_1, f_2, \cdots, f_n$ sejam deriváveis de pelo menos até ordem $n-1$ num dado intervalo L de reta real. O Wronskiano pode ser utilizado para verificar se as n funções que são deriváveis até ordem $n-1$ são linearmente independentes ou não. De acordo com as notações o *Wronskiano* é

$$W(f_1, f_2, \cdots, f_n)(x) = W(f_1(x), f_2(x), \cdots, f_n(x)) = \\ det\begin{bmatrix} f_1(x) & f_2(x) & \cdots & f_n(x) \\ f'_1(x) & f'_2(x) & \cdots & f'_n(x) \\ \vdots & \vdots & \vdots & \vdots \\ f_1^{(n-1)}(x) & f_2^{(n-1)}(x) & \cdots & f_n^{(n-1)}(x) \end{bmatrix}.$$

Chamaremos a matriz do lado direito da igualdade, a *matriz Wronskiana*.

(6) Mostre que se $W(f_1(x), f_2(x), \cdots, f_n(x)) \neq 0$ para todo x num intervalo L, exceto possivelmente num conjunto dos pontos isolados, onde todas as funções $f_1, f_2, \cdots, f_n$ são deriváveis até ordem $n-1$, então $f_1, f_2, \cdots, f_n$ são linearmente independentes.

Relembramos que um ponto w num conjunto A dos pontos, na reta ou no plano é chamado *ponto isolado* se, e somente se, existe uma vizinhança em volta de w que não contém outros pontos do conjunto A. Existem muitos exemplos dos pontos isolados na reta, como todos os conjuntos com um número finito de pontos, como todos os inteiros, como as raízes de um polinômio. Também existem muitos pontos que não são isolados como pontos racionais, como intervalos na reta real, etc.

Portanto, de acordo com este exercício e de acordo com a definição de ponto isolado, a não nulidade de Wronskiano para verificar a independência linear de funções não deve ser considerada, como não nulidade em todos os pontos do dado intervalo.

Solução. Seja $a_1 f_1(x) + a_2 f_2(x) + \cdots + a_n f_n(x) = 0$ para todo $x \in \mathrm{L}$. Essa é uma combinação linear das funções dadas e o nosso objetivo é provar que os coeficientes $a_1 = a_2 = \cdots = a_n = 0$. Para fazer isso, computamos as derivadas de até ordem $n-1$ de ambos os lados da referida combinação linear e formamos um sistema linear de equações com incógnitas $a_1, a_2, \cdots, a_n$. Logo,

$$\begin{cases} a_1 f_1(x) + a_2 f_2(x) + \cdots\cdots\cdots\cdots + a_n f_n(x) = 0 \\ a_1 f'_1(x) + a_2 f'_2(x) + \cdots\cdots\cdots + a_n f'_n(x) = 0 \\ \cdots \\ \cdots \\ a_1 f_1^{(n-1)}(x) + a_2 f_2^{(n-1)}(x) + \cdots + a_n f_n^{(n-1)}(x) = 0 \end{cases}$$

Esse é um sistema homogêneo de n equações e de n incógnitas $a_1, a_2, \cdots, a_n$. Ele possui solução única $a_1 = a_2 = \cdots = a_n = 0$ se, e somente se, o seu determinante de coeficientes formado pelas funções $f_1(x), f_2(x), \cdots, f_n(x)$ é não nulo para todo $x \in \mathrm{L}$. Mas, esse determinante é nada que o Wronskiano.

Observamos que pela sua definição, Wronskiano é uma função de uma variável x. Ela é uma *função alternada* no sentido de que

$$W(f_1, \cdots, f_j, \cdots, f_k, \cdots, f_n) = -W(f_1, \cdots, f_k, \cdots, f_j, \cdots, f_n)$$

para todo $j \neq k$. E isso é obviamente uma consequência de propriedade de determinante. Notamos também que na aplicação de Wronskiano para estudar a independência linear de funções a ordem das entradas de

$W(f_1, f_2, \cdots, f_n)$ não é importante, pois neste estudo a questão é se o Wronskiano é nulo ou não. De fato, notamos que a troca de linhas (ou colunas) de uma matriz quadrada altera o sinal do determinante, pois em particular todas as propriedades do determinante se aplicam a função Wronskiana. Mas quando determinante é nulo esta troca não tem efeito, pois o determinante continuará a ser nulo.

(7) Por meio do Wronskiano ache o conjunto dos pontos na reta real onde as funções x, e^x, e^{-x} são linearmente independentes.

Solução. Temos que $W(x, e^x, e^{-x}) = det\begin{bmatrix} x & e^x & e^{-x} \\ 1 & e^x & -e^{-x} \\ 0 & e^x & e^{-x} \end{bmatrix} = 2x$. Logo, $W(x, e^x, e^{-x}) = 0$, se, e somente se, $x = 0$. Isso implica que as referidas funções são linearmente independentes em todo a reta real, pois o conjunto dos pontos onde o Wronskiano é zero é um conjunto isolado.

A questão de uso do Wronskiano para verificar dependência linear de funções é delicada no sentido de que o recíproco do resultado do Exercício 6 só nos diz que se um conjunto finito de funções são linearmente dependentes num intervalo, então o Wronskiano delas é nulo para todos os pontos do intervalo. Veja o exercício a seguir.

(8) Sejam a, b, c e d números reais não nulos. Mostre que as funções $x, ax + bx^2$ e $cx + dx^2$ são linearmente dependentes para todo número real x, e em seguida mostre que o Wronskiano delas é zero sempre.

Solução. Para provar a dependência linear dessas funções consideramos a definição e suponhamos que a combinação linear $a_1x + a_2(ax + bx^2) + a_3(cx + dx^2) = 0$. Vamos provar que existem números não todos nulos a_1, a_2 e a_3 tal que a referida combinação linear é satisfeita. A igualdade da combinação linear, implica no sistema homogêneo de duas equações a três incógnitas, e logo possui infinitas soluções:

$$\begin{cases} a_1 + a_2 a + a_3 c = 0 \\ a_2 b + a_3 c = 0 \end{cases}$$

Portanto, as referidas funções são linearmente dependentes. Por outro lado, por meio de uma computação simples, temos que:

$$W(x, ax + bx^2, cx + dx^2) = \begin{bmatrix} x & ax + bx^2 & cx + dx^2 \\ 1 & a + 2bx & c + 2dx \\ 0 & 2b & 2d \end{bmatrix} = 0.$$

A dependência linear dessas funções pode ser explicada também pelo fato de que $cx + dx^2 = \left(c - \frac{d}{b}a\right)x + \frac{d}{b}(ax + bx^2)$.

Qual é a forma mais geral do exercício precedente?

(9) Mostre que os elementos do conjunto dos $n-1$ polinômios $\{1, x. x^2, \cdots, x^{n-1}\}$ são linearmente indepencentes.

Solução. A matriz Wronskiana para as funções desse conjunto é uma matriz triangular superior cujas entradas de diagonal são $1,1,2!,3!,\cdots,(n-1)!$. Logo, o produto desses números que representa o determinante é o mesmo que o Wronskiano e é não nulo.

Primeiro nosso exercício com aplicações na física é o seguinte que mostra as funções trigonométricas $sen(x)$ e $cos(x)$ são linearmente independentes. Aplicação na física é por causa de equação de onda.

(10) Mostre que as funções $sen(x)$ e $cos(x)$ são linearmente independentes em toda reta real.

Solução. Aplicamos o Wronskiano a essas funções. Temos que:

$$W(sen(x), cos(x)) = det \begin{bmatrix} sen(x) & cos(x) \\ cos(x) & -sen(x) \end{bmatrix} = -1$$

que é sempre não nulo para todo número real x. Em particular, notamos que a matriz Wronskiana neste caso é ortogonal.

(11) Seja x uma variável real. Verifique se as funções $1, cos(x)$ e $cos(2x)$ são linearmente independentes para todo $x \in \mathbb{R}$.

Solução. Podemos aplicar Wronskiano. Temos que

$$W(1, cons(x), cos(2x)) = det \begin{bmatrix} 1 & cos(x) & cos(2x) \\ 0 & -sen(x) & -2sen(2x) \\ 0 & -cos(x) & -4cos(2x) \end{bmatrix}$$

onde o determinante na igualdade é $2sen(x)(3\cos^2(x) - 2)$. Colocando o igual a zero, encontramos com soluções isoladas. Portanto, as referidas funções são linearmente independentes.

Uma aplicação desse exercício é a seguinte.

(12) Com os dados do exercício precedente, existem números reais a e b tal que $cos^2(x) = a + b\, cos(x)$?

Solução. Se existissem os números a e b então teríamos que $1, cos(x)$ e $cos(2x)$ seriam linearmente dependentes, mas de acordo com o exercício precedente isso é impossível.

(13) Mostre que as funções complexas $1, e^{ix}, e^{2ix}$ são linearmente independentes para todo $x \in \mathbb{R}$.

Solução. Aplicamos Wronskiano, temos que:

$$W\left(1, e^{ix}, e^{2ix}\right) = \begin{bmatrix} 1 & e^{ix} & e^{2ix} \\ 0 & ie^{ix} & 2ie^{2ix} \\ 0 & -e^{ix} & -4e^{2ix} \end{bmatrix} = -2ie^{3ix} \neq 0$$

para todo $x \in \mathbb{R}$.

1.3 A independência linear de matrizes funcionais

Uma *matriz funcional* é aquela cujas entradas são funções de uma ou várias variáveis. Essa definição anteriormente foi apresentada no livro [Sho tmc]. Nesta parte vamos estudar a independência de matrizes funcionais.

(14) Verifique se as duas matrizes $A(x) = \begin{bmatrix} 1 & x \\ x^2 & 0 \end{bmatrix}$ e $B(x) = \begin{bmatrix} e^x & -2 \\ x^2 & e^{-x} \end{bmatrix}$ são linearmente independentes sobre $\mathbb{R}$.

Solução. Consideramos uma combinação inear como $aA(x) + bB(x) = 0$. Isso, em particular, implica que $a + be^x = 0$. Mas, as funções 1 e e^x são linearmente independentes em toda reta real. Para verificar este último, basta notar que o Wronskiano delas é $e^x \neq 0$. Portanto, as referidas matrizes são linearmente independentes.

Esse exercício fornece um resultado geral sobre a independência linear de matrizes. Veja o exercício a seguir.

(15) Sejam $A(x) = (a_{uj}(x))$ e $B(x) = (b_{uj}(x))$ para $u = 1, 2, \cdots m$ e $j = 1,2, \cdots, n$ duas matrizes funcionais $m \times n$. Então elas são linearmente independentes sobre um intervalo L se, e somente se, pelo menos duas entradas corresponde delas sejam linearmente independentes sobre o mesmo intervalo.

Solução. Se $A(x)$ e $B(x)$ são linearmente independentes sobre L, então para qualquer combinação linear $aA(x) + bB(x) = 0$ existe somente uma única possibilidade, que é $a = b = 0$ para todo $x \in \mathrm{L}$. Logo, todas as entradas correspondentes de $A(x)$ e de $B(x)$ são linearmente independentes. Reciprocamente se pelo menos duas entradas $a_{ts}(x)$ e $b_{ts}(x)$ são linearmente independentes, a combinação linear $aA(x) + bB(x) = 0$ implica em particular que $aa_{ts}(x) + bb_{ts}(x) = 0$ para todo $x \in \mathrm{L}$ e logo $a = b = 0$.

Este exercício também mostra que para vetores linha $1 \times n$ ou vetores coluna $m \times 1$ com entradas funções de variável x vale o mesmo resultado.

1.4 As matrizes polinomiais, os geradores, as dimensões e bases

No espaço vetorial das funções sobre corpos facilmente podem ser construídos espaços de dimensões finitas ou infinitas.

Um caso particular de matrizes funcionais são matrizes polinomiais. Uma matriz funcional é chamada *matriz polinomial* quando suas entradas são polinômios da mesma variável.

(16) Seja $M_{m\times n}(P(x))$ o espaço vetorial das matrizes $m \times n$ polinomiais reais com variável x. Dê uma definição para grau de matrizes desse espaço e encontre a dimensão do subespaço vetorial deste, formada pelas matrizes com grau no máximo r sobre o corpo $\mathbb{R}$.

Solução. Seja $A(x)$ uma matriz geral do espaço $M_{m\times n}(P(x))$. Definimos o grau da matriz $A(x)$ como o máximo grau das suas entradas não nulas, e o chamamos de *grau de uma matriz polinomial.* Para uma matriz nula definimos seu grau como $-\infty$. Da mesma maneira que a dimensão do espaço dos polinômios reais com graus no máximo d é $d+1$, pode se encontrar a solução para este exercício. Imaginar as entradas do subespaço das matrizes de $M_{m\times n}(P(x))$ com grau no máximo r como espaço dos polinômios de grau no máximo r e logo cada entrada vai contribuir $r+1$ para a referida dimensão. Portanto, sendo que a dimensão de espaço das matrizes $m \times n$ é mn, então a resposta do exercício será $(r+1)mn$.

Por exemplo, uma base para o espaço vetorial das matrizes 2×2 cujas entradas são polinômios de grau no máximo 1 terá $(1+1)\cdot 2 \cdot 2 = 8$ elementos, e são os seguintes:

$$\begin{bmatrix}1 & 0\\0 & 0\end{bmatrix}, \begin{bmatrix}x & 0\\0 & 0\end{bmatrix}, \begin{bmatrix}0 & 1\\0 & 0\end{bmatrix}, \begin{bmatrix}0 & x\\0 & 0\end{bmatrix}, \begin{bmatrix}0 & 0\\1 & 0\end{bmatrix}, \begin{bmatrix}0 & 0\\x & 0\end{bmatrix}, \begin{bmatrix}0 & 0\\0 & 1\end{bmatrix}, \begin{bmatrix}0 & 0\\0 & x\end{bmatrix}.$$

(17) O que pode ser dito com respeito de grau de soma e produto de duas matrizes polinomiais?

Solução. Essa questão se refere à propriedade de grau de soma e produto de polinômios, mas considerando o mesmo para matrizes. Relembramos de livro [Sho alg1] de que grau de soma de dois polinômios reais não nulos e a soma deles não nulo, é menor ou igual o máximo dos graus deles. Essa mesma propriedade pode ser estendida às matrizes. Então se $A(x), B(x)$ são duas matrizes polinomiais onde há a possibilidade de fazer a soma delas, temos que:

$$grau\big(A(x) + B(x)\big) \leq \max\{grau\, A(x), grau\, B(x)\},$$

onde que o grau de lado esquerdo pode ser $-\infty$, quando a soma $A(x) + B(x) = 0$.

Considerando o produto para dois polinômios reais temos que graus de produto deles é igual à soma dos graus deles, vai valer a seguinte para matrizes polinomiais com coeficientes de um corpo como os reais:

$$grau\big(A(x)B(x)\big) \leq grau\, A(x) + grau\, B(x)$$

onde que o grau de lado esquerdo pode ser $-\infty$, quando o produto $A(x)B(x) = 0$.

Por exemplo, temos que

$$\begin{bmatrix} x & x^2+1 \\ 3x & 5 \end{bmatrix} \begin{bmatrix} -x^2-1 & x^3 \\ x & 2 \end{bmatrix} = \begin{bmatrix} 0 & x^4+2x^2+2 \\ -3x^3+2x & 3x^4+10 \end{bmatrix}.$$

O grau da primeira matriz do lado esquerdo é 2, da segunda matriz é 3, e o grau da matriz do lado direito é 4, e temos que $4 < 2 + 3$.

Obviamente, no produto dos polinômios sobre o mesmo corpo o grau de produto é igual a soma dos graus, mas como o exemplo está mostrando isso não vale para produto das matrizes polinomiais.

Como outro exemplo, considere as matrizes $A(x) = [1 \quad x]$, $B(x) = \begin{bmatrix} -x \\ 1 \end{bmatrix}$. Neste caso $A(x)B(x) = 0$. Tem se, $grau(A(x)) = grau(B(x)) = 1$, e $grau(A(x)B(x)) = -\infty$.

(18) Seja $\wp_{m\times n}(x)$ o espaço vetorial das matrizes $m \times n$ de séries de potências com coeficientes reais. Mostre que a dimensão desse espaço vetorial é infinito.

Solução. Como, a dimensão do espaço vetorial das séries de potências reais é infinita, logo, o espaço vetorial $\wp_{m\times n}(x)$ também é de dimensão infinita.

1.5 As normas, limites e continuidades

Limite e continuidade para funções reais e complexas são bem explicadas nas disciplinas de Cálculo e Análise. A norma utilizada em análise real e em Cálculo é o valor absoluto, e para casos mais gerais como matrizes podem ser consideradas outras normas, mas eventualmente provaremos que as normas são equivalentes.

No espaço vetorial real $\mathbb{R}^n$ a norma de um vetor é definida por meio de uso de produto interno canônico, ou em geral qualquer outro produto interno. Portanto, se consideramos o *produto interno canônico* a norma para $x = (x_1, \cdots, x_n) \in \mathbb{R}^n$ é definida como $\| x \| = \sqrt{x_1^2 + x_2^2 + \cdots + x_n^2}$. Essa norma será chamada de *norma euclidiana*, e ela pode ser estendida aos espaços vetoriais reais de dimensão finita (veja Exercício 25).

(19) Sejam $\{a_n\}$ e $\{b_n\}$ duas sequências de números reais tais que $\lim_{n\to\infty} a_n = a$, e $\lim_{n\to\infty} b_n = b$. Mostre que para o vetor infinito (a_n, b_n) vale a seguinte igualdade $\lim_{n\to\infty}(a_n, b_n) = (a, b)$, sendo utilizada a norma euclidiana. Notamos que o conjunto desses vetores forma um espaço vetorial real de dimensão dois gerados por $(1, 0)$, e $(0, 1)$.

Solução. Notamos que a *distância*, ou a *norma* entre dois vetores $u = (u_1, \cdots, u_n)$ e $v = (v_1, \cdots, v_n)$ de $\mathbb{R}^2$ é definida pela $\| u - v \| = \sqrt{(u_1 - v_1)^2 + \cdots + (u_n - v_n)^2}$. Baseado nisto, devemos mostrar que para todo $\epsilon > 0$ existe um número natural N tal que para $n > N$ vale a desigualdade $\| (a_n, b_n) - (a, b) \| < \epsilon$. Mas, pelo fato de que $\lim_{n\to\infty} a_n = a$ então, existe um número natural N_1 de modo que $|a_n - a| < \epsilon/\sqrt{2}$ e, da mesma forma existe um número natural N_2 tal que $|b_n - b| < \epsilon/\sqrt{2}$. Agora, temos que:

$$\| (a_n, b_n) - (a, b) \| = \sqrt{(a_n - a)^2 + (b_n - b)^2} < \sqrt{\frac{\epsilon^2}{2} + \frac{\epsilon^2}{2}} = \epsilon$$

para $N = \max\{N_1, N_2\}$. Assim, podemos escolher $N = \max\{N_1, N_2\}$.

Esse exercício mostra que podemos anunciar a seguinte definição.

Definição 1. $\lim_{n\to\infty}(a_n, b_n) = (a, b)$.

O mesmo resultado pode ser provado para vetores infinitos com um número finito de entradas, e para matrizes. Verifique as matrizes e considere o seguinte exercício.

(20) Seja $A(n) = (a_{ij}(n))$ uma matriz $s \times t$, onde cada entrada dela é uma sequência. Suponhamos que o limite de cada entrada $a_{ij}(n)$ quando n tende para o infinito é a_{ij}. Mostre que o limite da matriz $A(n)$ existe e seu limite é a matriz $A = (a_{ij})$.

Solução. De novo, devemos notar que para duas matrizes A e B ambas $m \times n$ a *distância euclidiana* entre elas é definida como a norma de suas diferenças:

$$\| A - B \| = tr(\,^t(A - B)(A - B))^{\frac{1}{2}} = \left(\sum_{i=1}^{m} \sum_{j=1}^{n} (a_{ij} - b_{ij})^2 \right)^{\frac{1}{2}}.$$

Logo, $\lim_{n\to\infty} A(n) = A$ se, e somente se, para todo $\epsilon > 0$ existe um inteiro natural N tal que para $n > N$ vale a seguinte desigualdade:

$$\| A(n) - A \| < \epsilon.$$

Isso quer dizer que $\lim_{n\to\infty} \| A(n) - A \| = 0$. Equivalentemente, $\lim_{n\to\infty} \| a_{ij}(n) - a_{ij} \| = 0$. Como consequência tem-se a seguinte definição:

Definição 2. $\lim_{n\to\infty} A(n) = A$ se, e somente se, $\lim_{n\to\infty} a_{ij}(n) = a_{ij}$, para todas as entradas correspondentes da matriz $A(n)$ e A.

Em outras palavras, o limite de uma matriz funcional, ou uma matriz cujas entradas são sequências, é definido linearmente por meio de limite de cada entrada.

Sequência de matrizes, e a matriz de Hilbert. No exercício precedente foi apresentada a forma geral de uma matriz cujas entradas são sequências numéricas. No presente vamos apresentar um exemplo de uma sequência de matrizes. As entradas dessa sequência são matrizes de Hilbert.

Uma *matriz de Hilbert* H_n é uma matriz real $n \times n$ cuja (i,j)-ésimo entrada é dada pelo valor da integral $\int_0^1 x^{i+j-2} dx = \frac{1}{i+j-1}$. Essa pode ser considerada como uma aplicação de integral para definir entradas de uma matriz.

(21) Ache uma fórmula de recorrência para definir $n+1$-ésimo matriz de Hilbert H_{n+1}.

Solução. A sequência que forma as matrizes de Hilbert tem em seus primeiros elementos as seguintes matrizes:

$$[1], \begin{bmatrix} 1 & 1/2 \\ 1/2 & 1/3 \end{bmatrix}, \begin{bmatrix} 1 & 1/2 & 1/3 \\ 1/2 & 1/3 & 1/4 \\ 1/3 & 1/4 & 1/5 \end{bmatrix}, \begin{bmatrix} 1 & 1/2 & 1/3 & 1/4 \\ 1/2 & 1/3 & 1/4 & 1/5 \\ 1/3 & 1/4 & 1/5 & 1/6 \\ 1/4 & 1/5 & 1/6 & 1/7 \end{bmatrix}, \dots$$

Podemos notar que na segunda matriz, a primeira matriz aparece como matriz menor principal, na terceira, a segunda aparece como matriz menor principal e na quarta, a terceira é a matriz menor principal. Uma maneira de escrever a desejada fórmula de recorrência é definir:

$$H_{n+1} = \begin{bmatrix} & H_n & \dfrac{1}{n+1} \\ & & \vdots \\ \dfrac{1}{n+1} & \cdots & \dfrac{1}{2n-1} \end{bmatrix}$$

onde, a coluna do lado direito é a mesma que a linha de baixo.

(22) Mostre que a matriz de Hilbert é simétrica, e que as suas entradas da diagonal são todas recíprocas de números ímpares. Mostre que se h_{ij} denota uma entrada arbitrária de matriz da Hilbert H_n, então, $xH_n =$ $(\int \quad h_{ij}dx)$.

O determinante de matrizes de Hilbert H_n são assuntos curiosos em relação aos recíprocos de números inteiros.

Solução. A matriz da Hilbert H_n é simétrica, pois para todo i e j a (i,j)-ésimo entrada e a (j,i)-ésimo entrada de H_n são iguais pela própria definição da matrizes de Hilbert. As entradas de diagonal são todas recíprocas de números ímpares, pois elas são $h_{ii} = \frac{1}{2i-1}$. Para resolver a última parte do exercício, notamos que a matriz $(\int \quad h_{ij}dx)$ é exatamente a matriz $\left(xh_{ij}\right)$. Mas, ela é o mesmo que $x\left(h_{ij}\right) = x\,H_n$.

(23) Seja $A(x) = (a_{ij}(x))$ uma matriz $m \times n$ cujas entradas são funções contínuas num intervalo L. Mostre que essa matriz é contínua no mesmo intervalo.

Solução. Podemos considerar a função $F\colon \mathbb{R} \to M_{m\times n}(x)$ de números reais em espaço vetorial das matrizes cujas entradas são funções contínuas no intervalo L. Então temos uma função $F(x) = A(x)$. A continuidade de F é definida da mesma forma geral para funções reais. Dizemos que F é contínua num ponto x_0 se, e somente se, seu limite neste ponto existe e que o limite é igual ao valor $F(x_0)$. Pela norma de diferença de matrizes temos que o limite de F no ponto x_0 é igual limites das entradas de $A(x)$ no mesmo ponto. Portanto, pelos dados do exercício F é contínua.

(24) Mostre que se duas matrizes são contínuas, suas somas e produtos quando existem, também são contínuas.

Solução. Isso é uma consequência da mesma propriedade de funções contínuas. A soma de duas matrizes tem como suas entradas a soma das entradas, que são funções contínuas. Para o produto delas vale a mesma ideia, pois as entradas do produto são somas e produtos das entradas de cada uma, e pela continuidade de funções de uma ou várias variáveis, essas entradas são contínuas.

(25) Faça uma definição de norma euclidiana para um espaço vetorial real de dimensão finita.

Solução. Qualquer espaço vetorial real V de dimensão finita tem uma base finita $\mathcal{B}$ de modo que qualquer vetor $v = (v_1, \cdots, v_n) \in V$ pode ser escrito como única combinação linear dos elementos da base com coeficientes reais a_i. Suponhamos que a referida dimensão seja n, então $v = a_1v_1 + a_2v_2 \cdots + a_nv_n$. Podemos definir a norma de v como $\| v \|_{\mathcal{B}} = \sqrt{a_1^2 + a_2^2 + \cdots + a_n^2}$. Obviamente, este é um caso geral da norma euclidiana para o espaço $\mathbb{R}^n$.

(26) Mostre que a norma do exercício precedente satisfaz as seguintes propriedades:

1- $\| v + w \|_{\mathcal{B}} \leq \| v \|_{\mathcal{B}} + \| w \|_{\mathcal{B}}$ para todo $v, w \in V$. Essa desigualdade como sabemos é chamada *desigualdade de triangulo*.

2- $\| \alpha v \|_{\mathcal{B}} = |\alpha| \; \| v \|_{\mathcal{B}}$ para todo $v \in V$ e todo $\alpha \in \mathbb{R}$;

3- $\| v \|_{\mathcal{B}} \geq 0$ para todo $v \in V$;

4- $\| v \|_{\mathcal{B}} = 0$ se, e somente se, $v = 0$.

Solução. Todas as propriedades citadas são provadas por meio das propriedades de produto interno como é feito no livro [Sho ual]. Mas, também podem ser provadas diretamente sem a referência de que essa norma é definida por meio de um produto interno.

Definição 3. A *norma* sobre um espaço vetorial real ou complexa é a função que associa a cada vetor v um número real não negativo $\| v \|$ satisfazendo as quatro condições do exercício precedente.

As duas primeiras condições da definição de norma são relativas às duas operações num espaço vetorial, a soma e multiplicação por escalar. Portanto, isso pode ter a implicação de que se um espaço vetorial (como as de matrizes) também está equipado com outra operação (como multiplicação de matrizes), a definição de norma deve levar em consideração esta operação também.

Definição 4. Para o espaço vetorial real ou complexa das matrizes quadradas, equipado com a multiplicação de matrizes, a definição de ~~norma~~ além das quatro condições precedentes, também terá a quinta condição a seguir:

5- $\| AB \| \leq \| A \| \| B \|$ para toda matriz quadrada $n \times n$ real ou complexa A e B.

(27) Dê pelo menos definição de duas normas para espaços vetoriais reais de dimensão finita que não sejam resultados de produto interno.

Solução. Podemos considerar para qualquer espaço vetorial real V as seguintes normas:

1-$\| v \|_1 = \sum_{i=1}^{n} |a_i|$, onde a dimensão de V é n e os números a_i são os coeficientes na representação de v como a combinação linear numa base.

Esta norma é conhecida como *1-norma*, mas vamos chamar também de *norma de soma de valores absolutos*.

2- $\| v \|_\infty = max\{|a_i|\}$ onde o max é o máximo sobre os n valores absolutos dos coeficientes $|a_i|$ na representação de v como a combinação linear numa base dada. Esta norma é conhecida como *norma suprema*, mas também nos podemos a chamar de *norma de máximo de valores absolutos*.

Vamos provar que a primeira norma satisfaz a desigualdade de triângulo. De fato, se v e w são vetores de V cujas representações numa base de V tem coeficientes a_i e b_i respectivamente, então os coeficientes da soma $v + w$ terão coeficientes $a_i + b_i$. Daí, temos que:

$$\| v + w \|_1 = \sum_{i=1}^{n} |a_i + b_i| \le \sum_{i=1}^{n} |a_i| + \sum_{i=1}^{n} |b_i| = \| v \|_1 + \| w \|_1.$$

As outras três condições da definição de norma são facilmente verificadas.

Também podemos verificar que a desigualdade de triângulo é satisfeita para a segunda norma. Neste caso se v e w são vetores de V então

$$\begin{aligned} \| v + w \|_\infty &= \max\{|a_i + b_i|\} \le \max\{|a_i| + |b_i|\} \le \max\{|a_i|\} + \max\{|b_i|\} \\ &= \| v \|_\infty + \| w \|_\infty. \end{aligned}$$

As outras três condições da definição de norma são facilmente verificadas para essa segunda norma também.

(28) (Continuidade de normas como funções) Mostre que qualquer norma de um espaço vetorial V de dimensão finita é uma função contínua com respeito da norma $\| v \|_1$, no exercício precedente.

Solução. Seja $\| \ \|$ uma dada norma para V. Uma vez que uma norma satisfaz a desigualdade de triângulo, ela também possui a seguinte desigualdade:

$$| \| v \| - \| w \| | \le \| v - w \|.$$

Sua demonstração é fácil e está baseada nas seguintes:

$$\| v \| = \| (v - w) + w \| \leq \| v - w \| + \| w \|$$

$$\| w \| = \| (w - v) + v \| \leq \| w - v \| + \| v \|$$

notando que $\| v - w \| = \| w - v \|$, temos a desigualdade desejada. Agora, para provar a continuidade da segunda norma com respeito da primeira, precisamos mostrar que para todo $\epsilon > 0$ existe um número $\delta > 0$ tal que:

$$\| v - w \|_1 < \delta \Rightarrow |\| v \| - \| w \|| < \epsilon.$$

De acordo com o que foi provado temos que:

$$|\| v \| - \| w \|| \leq \| v - w \|$$

Mas, $\| v - w \| = \| \sum_{i=1}^{n} a_i u_i - b_i u_i \|$ para uma base $\{u_i\}$ de V. Daí,

$$\| v - w \| = \| \sum_{i=1}^{n} a_i u_i - b_i u_i \| \leq \sum_{i=1}^{n} |a_i - b_i| \| u_i \|$$

$$\leq \left(\sum_{i=1}^{n} |a_i - b_i| \right) (\max\{\| u_i \|\}) =$$

$$\| v - w \|_1 (\max\{\| u_i \|\})$$

Agora, para δ basta escolher $\epsilon / (\max\{\| u_i \|\})$. Isso prova o resultado desejado.

Como consequência, todas as normas são contínuas com respeito da norma $\| \ \|_1$.

Definição 5. Duas normas quaisquer $\| \ \|_x$ e $\| \ \|_y$ no mesmo espaço vetorial V de dimensão finita, são chamadas *normas equivalentes*, se, e somente se, existem dois números constantes c_1 e c_2 tais que:

$$c_1 \| v \|_x \leq \| v \|_y \leq c_2 \| v \|_x$$

para todo $v \in V$.

(29) Mostre que a equivalência entre normas é uma relação transitiva.

Solução. Vamos considerar três normas $\| \ \|_x, \| \ \|_y$ e $\| \ \|_z$ no mesmo espaço vetorial V de dimensão finita. Suponhamos que existem números c_1 e c_2 tal que

$$c_1 \| v \|_x \leq \| v \|_y \leq c_2 \| v \|_x$$

para todo $v \in V$. Também suponhamos que existem números c'_1 e c'_2 tal que

$$c'_1 \| v \|_x \leq \| v \|_z \leq c'_2 \| v \|_x$$

para todo $v \in V$. Podemos provar que então, $\| \ \|_y$ e $\| \ \|_z$ são equivalentes. Para isso basta dividir as segundas desigualdades sobre a primeira. Isso nós dará:

$$\frac{c'_1}{c_2} \| v \|_y \leq \| v \|_z \leq \frac{c'_2}{c_1} \| v \|_y.$$

(30) Mostre que todas as normas equivalentes num espaço vetorial de dimensão finita tem uma cota superior e uma cota inferior sobre a esfera unitária, com respeito de uma norma qualquer.

Solução. A *esfera unitária* com respeito de uma norma qualquer $\| \ \|$ num espaço vetorial V é definida como o seguinte conjunto:

$$S_{\| \ \|} = \{v \in V | \ \| v \| = 1\}.$$

Agora seja $\| \ \|_x$ uma dada norma, equivalente com $\| \ \|$, pelo exercício precedente existem constantes c_1 e c_2 tais que:

$$c_1 \| v \| \leq \| v \|_x \leq c_2 \| v \|.$$

Logo, na esfera unitária temos que $c_1 \leq\| v \|_x \leq c_2$. Isso prova o resultado desejado.

(31) Mostre que todas as normas num espaço vetorial V de dimensão finita são equivalentes.

Solução. Vamos provar que qualquer norma $\| \ \|$ é equivalente com a norma $\| \ \|_1$ (a soma dos valores absolutos das coordenadas). Considere um vetor arbitrário v não nulo e o vetor $\frac{v}{\|v\|_1}$. Sabendo que $\| \ \|$ é contínua então na esfera $S_{\| \ \|}$ ela assume seu máximo e mínimo. Sejam estes c_2 e c_1 respectivamente, então temos que:

$$c_1 \leq\| \frac{v}{\|v\|_1} \|= \frac{\|v\|}{\|v\|_1} \leq c_2.$$

Daí, $c_1 \| v \|_1 \leq\| v \|\leq c_2 \| v \|_1$. Isso mostra o resultado desejado.

As normas equivalentes definem topologias equivalentes e então limites de sequências e funções vetoriais são iguais.

(32) Suponhamos que com a norma euclidiana limite de uma sequência vetorial $\{(a_n, b_n)\}$ de $\mathbb{R}^2$ quando n tende para infinito seja igual ao vetor zero. Mostre que vale o mesmo limite para outras normas também.

Solução. Seja $\| \ \|$ a norma euclidiana e $\| \ \|_x$ qualquer outra norma no espaço vetorial $\mathbb{R}^2$. Logo, pela equivalência das normas temos a existência de duas constantes c_1 e c_2 tais que valem as seguintes:

$$c_1 \| v \|\leq \| v \|_x \leq c_2 \| v \|$$

para todo $v \in \mathbb{R}^2$. Portanto,

$$c_1 \| (a_n, b_n) \|\leq\| (a_n, b_n) \|_x \leq c_2 \| (a_n, b_n) \|$$

quando $\lim_{n\to\infty}(a_n, b_n) \to 0$ para a norma $\| \ \|$, temos que para todo $\epsilon > 0$ existe um número natural N, tal que para todo $n > N$ vale a desigualdade

$\| (a_n, b_n) \| < \epsilon$. Em outras palavras, a sequência das normas $\| (a_n, b_n) \|_x$ é limitada e tende para zero também.

Nos exercícios precedentes foram definidas várias normas num espaço vetorial real de dimensão finita. A seguir, apresentamos alguns exercícios com respeito às normas dos espaços vetoriais complexos.

(33) (Norma nos espaços vetoriais complexas de dimensão finita) Dê exemplos de pelo menos três normas para o espaço vetorial real dos números complexos $\mathbb{C}$.

Solução. $\mathbb{C}$ como um espaço vetorial real é de dimensão dois e possui uma *base padrão* que é $\mathcal{B} = \{1, i\}$. Nesta base todo número complexo z é escrito como a combinação linear $a_1 + a_2 i$ com coeficientes reais. Nos exercícios precedentes foram apresentadas normas para espaços vetoriais reais de dimensão finitas. Agora, podemos reconstruir essas normas para $\mathbb{C}$:

1- A *norma euclidiana* com respeito da base $\mathcal{B}$ é $\| z \|_{\mathcal{B}} = \sqrt{a_1^2 + a_2^2}$.

2- A *norma de soma de valores absolutos* $\| z \|_1 = |a_1| + |a_2|$.

3- A *norma máximo de coeficientes* $\| z \|_\infty = max\{|a_1|, |a_2|\}$.

Como um exemplo, seja $z = -2 + 3i$. Logo a norma euclidiana de z na base padrão é $\| -2 + 3i \|_{\mathcal{B}} = \sqrt{13}$. A norma de soma de valores absolutos é $\| -2 + 3i \|_1 = 5$. Por fim, a norma de máximo de coeficiente é $\| -2 + 3i \|_m = 3$. Para elas, existe a seguinte cadeia de desigualdades:

$$\| z \|_m < \| z \|_{\mathcal{B}} < \| z \|_1.$$

Podemos representar o número complexo z como um ponto no sistema de coordenadas xoy e formar um triângulo retângulo ozh, onde h é a projeção de z no eixo ox. Nesta $\| z \|_{\mathcal{B}}$ é igual o comprimento de hipotenusa do triângulo ozh, e $\| z \|_1$ é o comprimento dos lados oh e zh. Por outro lado, $\| z \|_m$ é o comprimento do lado maior, que é zh.

(34) Escolhe outra base $\mathcal{R}$ diferente da base padrão e ache a norma euclidiana de $\mathbb{C}$ nesta nova base.

Solução. Podemos escolher a base $\mathcal{R} = \{-1/2, \pi i\}$. Neste caso, temos que $-2 + 3i = 4\left(-\frac{1}{2}\right) + \frac{3}{\pi}(\pi i)$. Daí, $\| -2 + 3i \|_{\mathcal{R}} = \sqrt{\frac{9+16\pi^2}{\pi^2}}$. A seguinte desigualdade pode ser provada facilmente, e isso mostra a equivalência entre normas:

$$\sqrt{13} \leq \sqrt{\frac{9 + 16\pi^2}{\pi^2}} \leq 2\sqrt{13}.$$

A norma de produto interno complexo. A norma euclidiana do espaço vetorial real de dimensão finita é resultado de produto interno. Para espaços vetoriais complexos de dimensão finita também esta situação existe e para explicar inicialmente vamos definir o produto interno complexo. No livro [Sho exal2] na página 142 é definido produto hermitiano para dois espaços vetoriais complexos $(V, \mathbb{C})$ e $(W, \mathbb{C})$ como uma função $H: V \times W \to \mathbb{C}$ satisfazendo quatro condições. Para definir o produto interno complexo as condições são similares:

Definição 6. Seja $(V, \mathbb{C})$ um espaço vetorial complexo de dimensão finita. Um *produto interno complexo* para V é uma função de duas variáveis $\langle\ ;\ \rangle: V \times V \to \mathbb{C}$ satisfazendo as seguintes condições:

1- $\langle u; v\rangle = \overline{\langle v; u\rangle}$ para todo $u, v \in V$ (o produto é antissimétrico com respeito à conjugação de números complexos);

2- $\langle u + w; v\rangle = \langle u; v\rangle + \langle w; v\rangle$ para todo $u, v, w \in V$ (o produto é somatório com respeito à primeira variável);

3-$\langle \alpha u; v\rangle = \alpha\langle u; v\rangle$ para todo $\alpha \in \mathbb{C}$ e todo $u, v \in V$ (junto com a condição precedente, o produto é uma transformação linear complexa de V em si mesmo);

4- $\langle u; u \rangle \geq 0$ para todo $u \in V$ (produto interno é não negativo);

5- $\langle u; u \rangle = 0$ se, e somente se, $u = 0$.

(35) Mostre a seguinte lei do paralelogramo para a norma $\| v \| = \langle v; v \rangle^{\frac{1}{2}}$:

$$\| u + v \|^2 + \| u - v \|^2 = 2 \| u \|^2 + 2 \| v \|^2.$$

Solução. O lado esquerdo da igualdade precedente pode ser reescrito como:

$$\langle u + v; u + v \rangle + \langle u - v; u - v \rangle =$$

$$\langle u; u \rangle + \langle u; v \rangle + \langle v; u \rangle + \langle v; v \rangle + \langle u; u \rangle - \langle u; v \rangle - \langle v; u \rangle + \langle v; v \rangle =$$

$$2 \| u \|^2 + 2 \| v \|^2.$$

(36) Mostre que para matrizes reais 2×2 vale a propriedade multiplicativa de norma euclidiana $\| AB \|_F \leq \| A \|_F \| B \|_F$.

Solução. Sejam $A = \begin{bmatrix} a_1 & a_2 \\ a_3 & a_4 \end{bmatrix}$ e $B = \begin{bmatrix} b_1 & b_2 \\ b_3 & b_4 \end{bmatrix}$ duas matrizes reais. A norma euclidiana de cada uma pode ser escrita como

$$\| A \|_F = \sqrt{a_1^2 + a_2^2 + a_3^2 + a_4^2}, \| B \|_F = \sqrt{b_1^2 + b_2^2 + b_3^2 + b_4^2}.$$

Por outro lado a norma euclidiana de produto delas é igual a:

$$\| AB \|_F = \sqrt{(a_1 b_1 + a_2 b_3)^2 + (a_1 b_2 + a_2 b_4)^2 + (a_3 b_1 + a_4 b_3)^2 + (a_3 b_2 + a_4 b_4)^2}.$$

Agora, aplicando as seguintes desigualdades, teremos o resultado desejado:

$$a_1^2 b_3^2 + a_2^2 b_1^2 - 2a_1 b_1 a_2 b_3 \geq 0, a_1^2 b_4^2 + a_2^2 b_2^2 - 2a_1 b_2 a_2 b_4 \geq 0,$$

$$a_3^2 b_3^2 + a_4^2 b_1^2 - 2a_3 b_1 a_4 b_3 \geq 0, a_3^2 b_4^2 + a_4^2 b_2^2 - 2a_3 b_2 a_4 b_4 \geq 0.$$

(37) Utilize a desigualdade $|\langle u; v\rangle| \leq \| u \| \| v \|$ e mostre que para todas as matrizes quadradas reais e complexas vale a seguinte desigualdade de produto de norma euclidiana:

$$\| AB \|_F \leq \| A \|_F \| B \|_F.$$

Solução. A desigualdade $|\langle u; v\rangle| \leq \| u \| \| v \|$ é demonstrada no livro [Sho ual]. Vamos agora supor que o produto interno do lado esquerdo da desigualdade é o produto escalar de vetores, o mesmo que o produto interno canônico. Neste sentido seja $A = \begin{bmatrix} A_1 \\ \vdots \\ A_n \end{bmatrix}$ onde $A_1, \cdots, A_n$ são as linhas da matriz A e $B = [B_1 \cdots B_n]$, onde as colunas são $B_1, \cdots, B_n$. Logo, o produto das matrizes AB é escrito como aquela matriz cujas entradas são os produtos escalares dos vetores A_i e B_j, isto é se $AB = C = (c_{ij})$ então, $c_{ij} = A_i \cdot B_j$. Daí,

$$\| AB \|_F^2 = \sum_{i,j=1}^{n} \left|A_i \cdot B_j\right|^2 \leq \sum_{i,j}^{n} \| A_i \| \| B_j \|^2 = \| A \|_F^2 \| B \|_F^2.$$

Após computar as raízes quadradas, temos o resultado desejado.

Por exemplo, para matrizes 2×2 como no exercício anterior a soma do lado direito é $\sum_{i,j=1}^{2} \| A_i \|^2 \| B_j \|^2 = \sum_{i=1}^{2} \sum_{j=1}^{2} \| A_i \|^2 \| B_j \|^2$, que é igual a

$$\| A_1 \|^2 \| B_1 \|^2 + \| A_1 \|^2 \| B_2 \|^2 + \| A_2 \|^2 \| B_2 \|^2 + \| A_2 \|^2 \| B_1 \|^2 =$$

$$(a_1^2 + a_2^2)(b_1^2 + b_2^2) + (a_1^2 + a_2^2)(b_3^2 + b_4^2) +$$

$$(a_3^2 + a_4^2)(b_3^2 + b_4^2) + (a_3^2 + a_4^2)(b_1^2 + b_2^2) =$$

$$(a_1^2 + a_2^2 + a_3^2 + a_4^2)(b_1^2 + b_2^2 + b_3^2 + b_4^2) = \| A \|_F^2 \| B \|_F^2.$$

(38) Utilize a desigualdade do exercício precedente e mostre que o produto das matrizes funcionais contínuas é uma matriz funcional contínua.

Solução. Sejam $A(x)$ e $B(x)$ matrizes funcionais de uma variável x, e que são contínuas num ponto x_0. Vamos provar que então o produto $A(x)B(x)$ também é contínuo neste ponto. Temos que $\lim_{x\to x_0} A(x) = A(x_0)$ e $\lim_{x\to x_0} B(x) = B(x_0)$. Considere a norma:

$$\| A(x)B(x) - A(x_0)B(x_0) \|_F =$$
$$\| A(x)B(x) - A(x_0)B(x_0) - A(x)B(x_0) + A(x)B(x_0) \|_F =$$
$$\| A(x)\big(B(x) - B(x_0)\big) + B(x_0)\big(A(x) - A(x_0)\big) \|_F \leq$$
$$\| A(x)\big(B(x) - B(x_0)\big) \|_F + \| B(x_0)\big(A(x) - A(x_0)\big) \|_F \leq$$
$$\| A(x) \|_F \| \big(B(x) - B(x_0)\big) \|_F + \| B(x_0) \|_F \| \big(A(x) - A(x_0)\big) \|_F.$$

Notando que $A(x)$ é contínua em x_0, então existe um intervalo com centro x_0 tal que a soma precedente seja menor que qualquer $\epsilon > 0$, dado. O mesmo vale para $B(x)$, e também devemos observar que $\| A(x) \|_F$ é limitada.

Normas para matrizes. Agora que temos algumas informações com respeito de normas de vetores e casos especiais de matrizes, vamos apresentar algumas normas para matrizes.

O conjunto das matrizes $m \times n$ reais ou complexas forma um espaço vetorial. Isso também é verdade para matrizes sobre outros copros como finitos ou p-ádicos. Uma matriz $m \times n$ sendo elemento desse espaço vetorial ela assume todas as normas apresentadas anteriormente para vetores, pois, podemos a identificar com um vetor de mn coordenados. Mas, além disso, matrizes têm outras propriedades e elementos, como colunas, linhas, etc. Por isso, elas podem assumir outras normas que os vetores não têm. Para uma matriz não necessariamente quadrada $m \times n$ definimos as seguintes normas, incluindo as de espaços vetoriais gerais:

1c- Se $A = (a_{ij})$ é $m \times n$ existem duas 1-norma o primeiro será chamada de 1c-norma que é a seguinte:

$$\| A \|_{1c} = \max_{1\leq j\leq n}\{\sum_{i=1}^{m}|a_{ij}|\}$$

Ela é exatamente o máximo das somas de valores absolutos das colunas.

Por exemplo, para uma matriz 2×3 com entradas a_{ij} temos que a sua 1c-norma é igual a

$$max\{(|a_{11}| + |a_{21}|), (|a_{12}| + |a_{22}|), (|a_{13}| + |a_{23}|)\}.$$

1ℓ- Similarmente temos a sua 1ℓ-norma que é o máximo das somas dos valores absolutos das linhas:

$$\| A \|_{1\ell} = \max_{1\leq i\leq m}\{\sum_{j=1}^{n}|a_{ij}|\}.$$

Obviamente, as 1c-norma e 1ℓ-norma da mesma matriz podem ser diferentes.

2- Para toda matriz A real ou complexa $m \times n$, a *norma euclidiana*, dela, que também é conhecida como *norma de Frobenius*, *norma de Hilbert-Schmidt* ou ~~*norma de Schur*~~ é a seguinte:

$$\| A \|_F = (tr(\overline{A}\ {}^t A))^{\frac{1}{2}} = \sqrt{\sum_{i=1}^{m}\sum_{j=1}^{n}|a_{ij}|^2}.$$

Nas somas do lado direito da igualdade precedente, os valores absolutos são os valores absolutos usuais quando o corpo é real, e eles são valores absolutos de números complexos (normas) quando o corpo é complexo.

3- Seja $\mathbb{K}$ o corpo de números reais ou complexos, e seja $\| \ \|$ uma norma no espaço $\mathbb{K}^n$ considerado como vetores colunas. Para toda matriz A com entradas de $\mathbb{K}$ e $m \times n$, a *norma suprema* ou *norma de operador* é definida como as seguintes:

$$\| A \|_{op} = \sup\{\| Av \| \mid v \in \mathbb{K}^n, \| v \| \leq 1\}.$$

(39) Mostre que a norma $\| A \|_{op}$ pode ser reescrito nas seguintes formas também:

$$\| A \|_{op} = \sup\{\| Av \| \mid v \in \mathbb{K}^n, \| v \| = 1\}$$

$$\| A \|_{op} = \sup\{\frac{\| Av \|}{\| v \|} \mid v \in \mathbb{K}^n, v \neq 0\}.$$

Solução. O máximo valor para norma $\| v \|$ é 1. Portanto, considerando o supremo na definição de $\| \ \|_{op}$, podemos reescrever a definição dela como a primeira na lista precedente. Ou podemos agora dividir por $\| v \| = 1$, temos a segunda da lista precedente.

(40) Mostre que vale a propriedade de produto para norma $\| \ \|_{op}$. Isto é: $\| AB \|_{op} \leq \| A \|_{op} \| B \|_{op}$.

Solução. Vamos inicialmente provar que para todo vetor coluna e não zero v, vale a desigualdade $\| Av \| \leq \| A \|_{op} \| v \|$. Isso é consequência da definição da norma suprema do exercício precedente, onde $\| A \|_{op} \geq \frac{\|Av\|}{\|v\|}$ pela consequência da definição. Agora, para resolver o exercício, notamos que $\| AB(v) \| = \| A(Bv) \| \leq \| A \|_{op} \| Bv \| \leq \| A \|_{op} \| B \|_{op}$.

Capítulo 2

Mais Sobre Normas

No capítulo anterior várias definições de normas e exercícios foram apresentados com suas respectivas soluções.

Neste capítulo vamos considerar outras consequências e exercícios sobre normas, definir norma de operadores e transformações lineares. É interessante considerar exercícios com respeito às normas e seus cálculos para matrizes especiais, como de Hilbert, Vandermonde, unitária, ortogonal, simétrica, unipotente, nilpotente, Hessenberg, etc.

Também, podemos considerar exercícios considerando o efeito de normas nas operações com matrizes, como transposta, inversão, etc.

2.1 Espaços vetoriais - métricas

Uma métrica num espaço vetorial pode ser definida sem referência à norma. Vamos inicialmente definir métrica de uma forma abstrata.

Definição 1. Para um espaço (não necessariamente espaço vetorial) V uma ~~*métrica*~~ é definida como uma função de duas variáveis $d: V \times V \to \mathbb{R}^{\geq 0}$, de produto cartesiano de V com si mesmo, em conjunto de números reais não negativos, satisfazendo as seguintes condições:

1- $d(u,w) \leq d(u,v) + d(v,w)$ para todo $u, v, w \in V$;

2- $d(u,v) = d(v,u)$ para todo vetor u e v em V;

3- $d(u,v) = 0$ se, e somente se, $u = v$, para todo vetor u e v em V.

Uma métrica é dita *métrica invariante* (ou *métrica invariável*), se, e somente se, vale a condição $d(u+w, v+w) = d(u,v)$ para todo $u, v, w \in V$.

Para certos espaços vetoriais de dimensão finita entre eles sobre o corpo $\mathbb{R}$ ou $\mathbb{C}$ que são de nosso interesse neste livro, sempre existe métrica invariante. Um teorema sobre a existência desses pode ser encontrado no livro de Walter Rudin [Rud], Teorema 1.24.

(1) Mostre que o espaço vetorial (ou o conjunto) $\mathbb{R}$ possui uma métrica invariante. O mesmo também vale para o corpo de números complexos $\mathbb{C}$.

Solução. O valor absoluto usual no conjunto de números reais é a resposta. De fato temos que $|x| = \begin{cases} x \text{ se } x \geq 0 \\ -x \text{ se } x \leq 0. \end{cases}$ Podemos definir uma métrica em $\mathbb{R}$ pela $d(x,y) = |x-y|$. Em particular, ela é invariante, pois, $d(x+z, y+z) = |x+z-y-z| = |x-y| = d(x,y)$.

Para o corpo $\mathbb{C}$ podemos definir $d(z_1, z_2) = \| z_1 - z_2 \|$, onde $\| \ \|$ é a norma euclidiana de números complexos.

Definição 2. Um espaço é dito *espaço norma* se, e somente se, ele possui uma norma. Um espaço é dito espaço métrico se, e somente se, ele possui uma métrica. E quando esta métrica é invariante, o espaço é chamado *espaço métrico invariante*.

De acordo com esta definição, todos os espaços vetoriais de dimensão finita são espaços normas. Também como a solução precedente mostra, por meio de norma num espaço podemos definir uma métrica nele.

(2) Mostre que todo espaço norma é um espaço métrico invariante.

Solução. Basta repetir a ideia da solução do exercício precedente. Se X é um espaço norma munido com uma norma $\| \ \|$, então basta definir a função de duas variáveis $d(u,v) = \| u - v \|$. Além de que esta é uma métrica, também ela é invariante.

(3) Mostre que todo espaço vetorial real ou complexo de dimensão finita é um espaço métrico cujo métrico é obtido de uma norma.

Solução. Nós já sabemos como os exercícios do capítulo anterior mostram esses espaços vetoriais possuem normas. Logo, eles são espaços métricos pelo exercício precedente.

Ficamos curiosas perguntando se existe um espaço vetorial métrico cuja métrica não é obtida pela norma. Podemos responder essa pergunta dizendo que para um corpo finito $\mathbb{F}$ o espaço vetorial $\mathbb{F}^n$ é munido de uma métrica, a métrica determinada pela distância de Hamming (veja livro [Sho exmp1]).

Definição 3. Seja (V, d) um espaço vetorial métrica com métrico d. Para este definimos uma *bola aberta* (ou *esfera aberta*) com centro u e raio r como o seguinte conjunto de vetores:

$$B_r(u) = \{v \in V \,|d(u, v) < r\}.$$

(4) (Esferas nos espaços vetoriais métricos) Mostre que toda bola aberta num espaço vetorial métrico, com métrica invariante é uma translação de bola com mesmo raio e centro 0.

Solução. A existência da operação de soma num espaço vetorial permite a soma de subconjuntos, se X e Y são subconjuntos de V a soma deles é $X + Y = \{x + y|x \in X, y \in Y\}$. Vamos provar que:

$$u + B_r(0) = B_r(u).$$

Seja $z \in u + B_r(0) = \{u + w|w \in B_r(0)\}$. Agora, $u + w \in B_r(u)$, pois $d(w, 0) = d(u + w, 0) < r$. Reciprocamente, se $z \in B_r(u)$, então, $d(z, u) < r$. Mas, $d(z, u) = d(z - u, u - u) = d(z - u, 0) < r$. Daí, $z - u \in B_r(0)$. Logo, $z \in u + B_r(0)$.

O estudo de limite de funções entre espaços vetoriais e matrizes pode ser feito por meio de norma ou métrica. Considere a seguinte definição.

Definição 4. (1) Com os dados da definição precedente, seja A uma matriz real ou complexa $n \times n$, e X como variável coluna $n \times 1$ real ou complexa, respectivamente. Dizemos que a função $T_A(X) = AX$ tem limite no vetor X_0

se, e somente se, para todo $\epsilon > 0$ existe uma bola aberta $B_\delta(X_0)$ tal que $d(X - X_0) < \epsilon$ implica que $X \in B_\delta(X_0)$.

(2) Seja $\{v_n\}$ uma sequência em (V, d). Dizemos que esta sequência possui limite e seu limite é v_0, se, e somente se, para todo $\epsilon > 0$ existe um inteiro natural N de modo que para todo $n > N$, $v_n \in B_\epsilon(X_0)$.

(5) (Transformações lineares são funções contínuas) Mostre que a função T_A é contínua em todo $\mathbb{R}^n$.

Solução. A referida função é $T_A\colon \mathbb{R}^n \to \mathbb{R}^n$ pela sua definição $T_A(X) = AX$. Para provar que ela é contínua em todo $\mathbb{R}^n$ pelo exercício precedente, basta provar que ela é contínua em $X = 0$. Para isso é fácil checar que $\lim_{X\to 0} T_A(X) = 0$, em qualquer norma de $\mathbb{R}^n$. Isso prova o resultado desejado.

Podemos deduzir desse exercício que as transformações lineares são funções contínuas.

(6) Seja $T\colon \mathbb{R}^3 \to \mathbb{R}^2$ uma transformação linear dada pela fórmula $T\big((x, y, z)\big) = (x + z, y - z)$. Suponhamos que ambos os espaços vetoriais $\mathbb{R}^2$ e $\mathbb{R}^3$ são equipados com a norma euclidiana. Mostre que T é uma função contínua nas variáveis x, y e z.

Solução. Basta provar que T é contínua em $(0,0,0)$. Para fazer isso precisamos demonstrar que $\lim_{(x,y,z)\to(0,0,0)} T\big((x, y, z)\big) = (0,0)$, pois o valor da função T no ponto $(0,0,0)$ é $(0,0)$. De acordo com a definição de limite devemos verificar se para todo $\epsilon > 0$ existe $\delta > 0$ tal que:

$$\| (x, y, z) - (0,0,0) \| < \delta \Rightarrow \| T\big((x, y, z)\big) - (0,0) \| < \epsilon.$$

Sabemos que $\| T\big((x, y, z)\big) - (0,0) \| = \sqrt{(x + z)^2 + (y - z)^2}$ e que $\| (x, y, z) - (0,0,0) \| = \sqrt{x^2 + y^2 + z^2}$. Consideramos os quadrados dessas normas e notamos que existe um número positivo a tal que:

$$x^2 + z^2 + 2xz + y^2 + z^2 - 2yz < a(x^2 + y^2 + z^2).$$

Existem infinitas possibilidades para o número a e nós vamos escolher $a = 16$ cuja razão ficará clara no exercício a seguir. Com a nossa escolha temos que $\| T((x,y,z)) - (0,0) \| < \epsilon$ e $\delta = \frac{\epsilon}{4}$. De fato, a desigualdade precedente mostra que $\| T((x,y,z)) - (0,0) \| < 4 \| (x,y,z) - (0,0,0) \|$. Logo, quando $\| (x,y,z) - (0,0,0) \| < \delta = \epsilon/4$, temos que:

$$4 \| (x,y,z) - (0,0,0) \| < \epsilon$$

onde o lado esquerdo da desigualdade por sua vez é maior que a norma $\| T((x,y,z)) - (0,0) \|$.

(7) Utilize matrizes e resolve o exercício precedente.

Solução. Na base canônica, a matriz da transformação linear T é igual a $[T] = \begin{bmatrix} 1 & 0 & 1 \\ 0 & 1 & -1 \end{bmatrix}$. Portanto, $T((x,y,z)) = \begin{bmatrix} 1 & 0 & 1 \\ 0 & 1 & -1 \end{bmatrix} \begin{bmatrix} x \\ y \\ z \end{bmatrix}$. Por outro lado, sabemos que $\| [T]X \| \leq \| [T] \| \| X \|$. Mas, a norma euclidiana de T é $\sqrt{4} = 2$. Logo, $\| TX \| \leq 2 \| X \|$. Agora, para dado $\epsilon > 0$ o valor de $\delta = \epsilon/2$ serve. Notamos que na solução do exercício precedente, o valor de a poderia ser escolhido $a = 4$, e cuja raiz quadrada é 2.

(8) (As normas de algumas matrizes) Mostre que em qualquer norma, a norma da matriz identidade é maior ou igual a 1. Calcule sua norma para diferentes normas introduzidas no capítulo anterior.

Solução. Para qualquer norma $\| \ \|$ vale a desigualdade de produto. Então, considere a matriz identidade I. Para ela vale

$$\| I \| = \| I^2 \| \leq \| I \| \| I \| = \| I \|^2.$$

A desigualdade $\| I \| \leq \| I \|^2$ implica o resultado desejado. Para norma suprema temos que $\| I \|_{op} = \sup\{ \frac{\|Iv\|}{\|v\|} | v \in \mathbb{K}^n, v \neq 0\} = 1$, pois $Iv = v$. A norma $\| I \|_{1c}$ e a $\| I \|_{1\ell}$ ambos são igual a 1 também. Mas, a norma de Hilbert-Schmidt quando I é $n \times n$, é $\sqrt{n}$.

(9) Mostre que a norma das matrizes nilpotentes é sempre não negativa.

Solução. Pela definição, uma matriz nilpotente de nível k é uma matriz não nula A tal que $A^k = 0$, e $A^{k-1} \neq 0$ (veja livro [Sho ual]). Portanto, $0 = \| A^k \| \leq \| A \|^k$. Isso explica o resultado desejado.

(10) Mostre que a norma de Hilbert-Schmidt para matrizes ortogonais e unitárias $n \times n$ é igual $\sqrt{n}$.

Solução. Se uma matriz é ortogonal, suas linhas (respectivamente suas colunas) são vetores ortonormais. Logo, a soma do quadrado de todas as entradas é igual a $\sqrt{n}$. Podemos também utilizar a definição de quando A é ortogonal então $A\ {}^tA = I$ e logo, pela definição de norma de Hilbert-Schimdt temos que $\| A \|_F = \sqrt{tr(A\ {}^tA)} = \sqrt{tr(I)} = \sqrt{n}$. Para matrizes unitárias a solução é semelhante.

(11) Calcule as diferentes normas para a matriz da rotação no plano.

Solução. Seja $A = \begin{bmatrix} \cos(\theta) & \operatorname{sen}(\theta) \\ -\operatorname{sen}(\theta) & \cos(\theta) \end{bmatrix}$. Pelo exercício precedente, a norma de Hilbert-Schmidt para A é $\sqrt{2}$. Para calcular a norma suprema considere um vetor $v = \begin{bmatrix} x \\ y \end{bmatrix}$ com norma igual a $\sqrt{x^2 + y^2}$. Calculando a norma $\| Av \| = \| \begin{bmatrix} xcos(\theta) - y\operatorname{sen}(\theta) \\ ycos(\ \theta) + x\operatorname{sen}(\theta) \end{bmatrix} \| = \| v \|$. Logo a norma suprema é igual a 1. Por outro lado

$$\| A \|_{1c} = \| A \|_{1l} = max\{|cos(\theta)\ | + |sen(\theta)|, |sen(\theta)| + |cos(\theta)\ |\} = \sqrt{2}.$$

O máximo dessas somas acontece exatamente no ângulo $\theta = \pi/4$.

(12) Considere uma matriz inversível 2×2, calcule sua norma e a norma da sua inversa. O resultado obtido pode ser generalizado?

Solução. Seja $A = \begin{bmatrix} a & b \\ c & d \end{bmatrix}$. Sua inversa é $A^{-1} = \frac{1}{\det(A)} \begin{bmatrix} d & -b \\ -c & a \end{bmatrix}$. A norma de Hilbert-Schmidt delas são um múltiplo de valor absoluto do determinante de A. Em outras palavras, $|\det(A)| \parallel A^{-1} \parallel = \parallel A \parallel$. Enquanto $\parallel A \parallel_{1c} = max\{|a| + |c|, |b| + |d|\}$, ela é diferente da norma $\parallel A^{-1} \parallel_{1c}$ e também $\parallel A^{-1} \parallel_{1\ell}$. Em geral, para matrizes inversíveis vale a seguinte igualdade com respeito à norma de Hilbert-Schmidt:

$$|\det(A)| \parallel A^{-1} \parallel = \parallel A \parallel.$$

A razão desta é que a norma de Hilbert-Schmidt para uma matriz e sua transposta são iguais, e ela também é igual para a adjunta da mesma.

(13) (A norma de matriz real simétrica) Seja A uma matriz simétrica real. Mostre que a norma de Frobenius de A é igual à norma de Frobenius de matriz diagonal dos autovalores de A.

Solução. A norma Euclidiana ou de Frobenius de A é dada pela $\parallel A \parallel_F = \sqrt{tr\left(A\ {}^tA\right)}$, mas A é simétrica, então $\parallel A \parallel_F = \sqrt{tr(A^2)}$. Agora, sendo A real simétrico, seus autovalores são reais e ela é diagonalizável. Portanto, existe uma matriz diagonalizadora S tal que $S^{-1}AS = D$ é diagonal. Logo, $A = SDS^{-1}$ e $\parallel A \parallel_F = \sqrt{tr(SD^2S^{-1})} = \sqrt{tr(S^{-1}SD^2)} = \parallel D \parallel_F$.

2.2 As séries infinitas matriciais

Consideramos séries de potências de matrizes. Para elas a primeira questão é sobre suas convergências e divergências.

Definição 5. Uma *série de potência matricial*, com centro X_0 e variável X, que ambas são matrizes $n \times n$, é uma série de forma

$$S(X_0) = \sum_{k=0}^{\infty} a_k (X - X_0)^k.$$

Nesta soma infinita os coeficientes são os números reais ou complexos a_k. Quando eles são reais, a referida série é chamada a *série de potência real*, e quando os coeficientes são complexos ela é chamada a *série de potência complexa*.

Séries de potências matriciais são usadas para definir importantes funções matriciais, como função exponencial, função logaritmo, funções como seno ou cosseno e outras.

Relembramos que para as séries de potências matriciais existem conceitos e testes para suas convergências ou divergências explicadas nas disciplinas de Cálculo e Variável Complexa. Existem assuntos mais avançados como convergência absoluta ou convergência uniforme, que em geral são apresentadas nas disciplinas de Variável Complexa (veja livro [Sho uvc]). Em particular, relembramos que as séries de Laurent em variável complexa são fundamentais para aplicação de variável complexa na análise, física e geometria.

Para séries de potências matriciais o valor absoluto não faz sentido, mas a norma sim. Por isso a definição seguinte é de quando que uma série de potência matricial deve ser convergente.

Definição 6. Dizemos que uma série de potência matricial é uma *série normalmente convergente*, se, e somente se, ela convirja de norma suprema de matrizes. Neste caso, dizemos que a série convirja normalmente (ou simplesmente, a série é uma *série convergente*).

(14) Ache a condição para que a série de potência matricial $\sum_{k=0}^{\infty}(-1)^k X^k$ seja uma série convergente para toda matriz real ou complexa X quadrada.

Solução. Temos as seguintes desigualdades para séries de potência numérica:

$$\| \sum_{k=0}^{\infty} (-1)^k X^k \| \leq \sum_{k=0}^{\infty} \| X^k \| \leq \sum_{k=0}^{\infty} \| X \|^k$$

A série do lado direito converje quando $\| X \| < 1$ e, ela é divergente quando $\| X \| > 1$.

(15) Mostre que quando X é uma matriz quadrada e sua norma suprema $\| X \| < 1$ então, a matriz $I + X$ é inversível.

Solução. A convergência da série no exercício precedente para quando $\| X \| < 1$ implica que $\sum_{k=0}^{\infty} (-1)^k X^k = (I + X)^{-1}$.

Da mesma forma com a mesma condição, aplicando a série $\sum_{k=0}^{\infty} X^k$, temos que a matriz $I - X$ é inversível.

2.3 A função exponencial matricial

Iniciamos esta parte com a definição de função exponencial matricial $\exp(A)$ para qualauer matriz quadrada A.

A exponencial de uma matriz. Outra série de potência com muitas aplicações em Análise de Variável Real e Complexa é a série de potência $\sum_{k=0}^{\infty} \frac{x^k}{k!}$ e é denotada e^x. Similarmente, existe uma série de potência matricial definida pela:

$$\exp(X) = \sum_{k=0}^{\infty} \frac{X^k}{k!}$$

para toda matriz real quadrada X.

(16) Mostre que para toda matriz X a série $\exp(X)$ é convergente.

Solução. $\| \exp(X) \| \leq \sum_{k=0}^{\infty} \frac{\|X\|^k}{k!} = e^{\|X\|}$. Isso mostra que a referida série matricial convirja normalmente em todo espaço vetorial $M_n(\mathbb{R})$ de matrizes reais $n \times n$.

Baseado neste exercício é definido o seguinte:

Definição 7. A série $\exp(X)$ é chamada a *série matricial exponencial* de variável real ou complexa X.

(17) Calcule as seguintes séries:

1- $\exp(0)\,, \exp(I)\,, \exp(-I)\,;$

2- $\exp(X)$, para $X = diag(a_1, \cdots, a_n)$;

3- $\exp(X)$ para $X = \begin{bmatrix} 0 & \theta \\ -\theta & 0 \end{bmatrix}$, onde θ é real.

Solução. Pela definição $\exp(0) = I + \sum_{k=1}^{\infty} 0^k/k! = I$. Pela definição de função exponencial matricial temos que $\exp(I) = \sum_{k=0}^{\infty} I^k/k! = I\sum_{k=0}^{\infty} 1/k! = Ie^1 = eI$ que é a matriz diagonal com suas entradas, todas o número de Euler e. Por outro lado, $\exp(-I) = \sum_{k=0}^{\infty} I(-1)^k/k! = I\sum_{k=0}^{\infty}(-1)^k/k! = Ie^{-1} = \frac{1}{e}I$.

O item 2 é resolvido com facilidade, pois as k-ésimo potências de uma matriz diagonal $X = diag(a_1, \cdots, a_n)$ são $X^k = diag\left(a_1^k, \cdots, a_n^k\right)$. Logo, $\exp(X) = diag(\sum_{k=0}^{\infty} \frac{a_1^k}{k!}, \cdots, \sum_{k=0}^{\infty} \frac{a_n^k}{k!}) = diag(e^{a_1}, \cdots, e^{a_n})$.

Para resolver o item 3, computamos algumas potências de $X = \begin{bmatrix} 0 & \theta \\ -\theta & 0 \end{bmatrix}$. Vale:

$$X^2 = \begin{bmatrix} -\theta^2 & 0 \\ 0 & -\theta^2 \end{bmatrix}, X^3 = \begin{bmatrix} 0 & -\theta^3 \\ \theta^3 & 0 \end{bmatrix}, X^4 = \begin{bmatrix} \theta^4 & 0 \\ 0 & \theta^4 \end{bmatrix},$$

$$X^5 = \begin{bmatrix} 0 & \theta^5 \\ -\theta^5 & 0 \end{bmatrix}, X^6 = \begin{bmatrix} -\theta^6 & 0 \\ 0 & -\theta^6 \end{bmatrix}, X^7 = \begin{bmatrix} 0 & -\theta^7 \\ \theta^7 & 0 \end{bmatrix}.$$

Agora, podemos dizer que $\exp(X) = \begin{bmatrix} \cos(\theta) & \text{sen}(\theta) \\ -\text{sen}(\theta) & \cos(\theta) \end{bmatrix}$.

(18) Mostre que para toda matriz X sua função exponencial $\exp(X)$ é sempre uma matriz inversível e vale a igualdade $\det(\exp(X)) = e^{tr(X)}$.

Solução. Depois de provar a segunda parte, a primeira é imediata. Para provar a referida igualdade entre determinante e traço notamos que toda matriz é triangularizável que quer dizer semelhante com uma matriz triangular. Logo, existe uma matriz inversível S (ela é chamada a *matriz similadora*, ou a *matriz da mudança de base*) tal que $S^{-1}XS = T$ é triangular. Podemos supor que ela é triangular superior. Daí, sabendo que as potências de $(S^{-1}XS)^n = S^{-1}X^nS$, e temos que $\exp(S^{-1}XS) = S^{-1}\exp(T)S = \exp(T)$. Mas as potências e suas somas das matrizes triangulares são triangulares (neste caso, triangular superior). Logo, $\exp(T)$ é uma matriz triangular. Nós notamos que as entradas de diagonal de n-ésimo potências de uma matriz triangular são n-ésimo potências das suas entradas de diagonal. Portanto, as entradas de diagonal de $\exp(T)$ são os exponenciais de entradas de diagonal de T. Isso quer dizer que as entradas de diagonal de $\exp(T)$ são as exponenciais $e^{t_{11}}, e^{t_{22}}, \cdots, e^{t_{nn}}$. Relembramos $tr(T) = tr(S^{-1}XS) = tr(X)$, e $\det(T) = \det(S^{-1}XS) = \det(X)$. Portanto

$$\det(X) = \det(\exp(T)) = e^{t_{11}}e^{t_{22}} \cdots e^{t_{nn}} = e^{t_{11}+t_{22}+\cdots+t_{nn}} = e^{tr(T)}.$$

Em particular, isso implica que $\det(\exp(X)) \neq 0$, além disso pelo fato de que o exponencial de um número real é sempre positivo, temos também que $\det(\exp(X)) > 0$ caso X seja real.

(19) Mostre que para toda matriz real X quadrada, os autovalores de $\exp(X)$ são de forma e^{λ_k} onde λ_k varia nos conjuntos de autovalores reais de X. Em particular, os autovalores e^{λ_k} de $\exp(X)$ são positivos quando os λ_k são reais.

Solução. Toda matriz quadrada é triangularizável. Portanto, existe uma matriz triangular, digamos superior T tal que X e T são semelhantes. Se a matriz similadora para elas é S então $S^{-1}XS = T$ e como a solução do exercício precedente mostra, temos que $S^{-1}\exp(X)\,S = \exp(T)$. As entradas de diagonal de T são seus autovalores, sendo ela triangular, na mesma forma as entradas diagonais de $\exp(T)$ são seus autovalores. Mas, os autovalores de $\exp(X)$ e de $\exp(T)$ são iguais (sendo elas semelhantes), daí, as entradas de diagonal de $\exp(T)$ são e^{λ_k}.

O resultado desse exercício também vale para autovalores complexos de X.

(20) Mostre que o mapeamento $\exp(X)$ é uma função de $M_n(\mathbb{R})$ em $GL_n^+(\mathbb{R})$ de grupo das matrizes $n \times n$ reais com determinantes positivos. Mostre que ela não é injetora nem sobrejetora.

Solução. Para provar que $\exp: M_n(\mathbb{R}) \to GL_n^+(\mathbb{R})$ não é injetora consideramos a matriz $X = \begin{bmatrix} 0 & \theta \\ -\theta & 0 \end{bmatrix}$ do Exercício 17, e notamos que neste caso $exp(X) = \begin{bmatrix} \cos(\theta) & \mathrm{sen}(\theta) \\ -\mathrm{sen}(\theta) & \cos(\theta) \end{bmatrix}$. Obviamente quando θ varia no corpo dos números reais, a matriz $\exp(X)$ pode assumir valores iguais, por exemplo, quando $\theta = 2\pi$ e $\theta = 4\pi$.

Para provar que a função exp não é sobrejetora vamos considerar uma matriz diagonal $D = \begin{bmatrix} a & 0 \\ 0 & b \end{bmatrix}$,onde $a \neq b$ são números negativos. Neste caso não existe uma matriz X tal que $\exp(X) = D$. A razão disso é no exercício precedente que mostra os autovalores de exponencial de uma matriz são positivos, quando os autovalores de X são reais, mas, autovalores de $\exp(X)$ e de D são iguais.

Notamos que a nossa escolha de ter ambos a e b negativo é para ter determinante de $D > 0$ (ou seja, $det(\exp(X)) > 0$).

(21) Seja E_{ij} a matriz $n \times n$ cujas entradas são nulas, exceto a (i,j)-ésimo entrada que é 1. Mostre que $\exp(I + E_{1n}) = (I + E_{1n})e$.

Solução. Podemos utilizar a Indução Matemática e mostrar que $(I + E_{1n})^k = I + kE_{1n}$ para todo número natural k e dado número natural n. De fato, essa igualdade é verdadeira para $k = 1$. Agora, suponhamos que ela é verdadeira para todo número de forma $k - 1$. Vamos provar que ela também é verdadeira para todo k. Temos que:

$$(I + E_{1n})^k = I + (1 + k - 1)E_{1n} = I + k\,E_{1n}.$$

Agora, $\exp(I + E_{1n}) = \sum_{k=0}^{\infty}(I + E_{1n})^k/k! = \sum_{k=0}^{\infty}(I + kE_{1n})/k!$. O lado direito dessa igualdade é exatamente $(I + E_{1n})e$.

Por exemplo, seja $A = I + E_{13} = \begin{bmatrix} 1 & 0 & 1 \\ 0 & 1 & 0 \\ 0 & 0 & 1 \end{bmatrix}$. Computando, temos que $A^2 = \begin{bmatrix} 1 & 0 & 2 \\ 0 & 1 & 0 \\ 0 & 0 & 1 \end{bmatrix}, A^3 = \begin{bmatrix} 1 & 0 & 3 \\ 0 & 1 & 0 \\ 0 & 0 & 1 \end{bmatrix}, \cdots, A^k = \begin{bmatrix} 1 & 0 & k \\ 0 & 1 & 0 \\ 0 & 0 & 1 \end{bmatrix}$. Logo, $\exp(A) = \begin{bmatrix} e & 0 & \sum_{k=0}^{\infty} k/k! \\ 0 & e & 0 \\ 0 & 0 & e \end{bmatrix} = \begin{bmatrix} e & 0 & e \\ 0 & e & 0 \\ 0 & 0 & e \end{bmatrix} = (I + E_{1n})e.$

(22) Diretamente, pela definição, calcule $\exp\left(\begin{bmatrix} 1 & 1 \\ 1 & 1 \end{bmatrix}\right)$.

Solução. Seja $X = \begin{bmatrix} 1 & 1 \\ 1 & 1 \end{bmatrix}$. Por meio da Indução Matemática podemos provar que $X^k = 2^{k-1}X$ para todo número natural k. Logo, vale:

$$\exp(X) = \sum_{k=0}^{\infty} \frac{X^k}{k!} = I + \sum_{k=1}^{\infty} \frac{2^{k-1}X}{k!} = I + \frac{X}{2}\sum_{k=1}^{\infty} \frac{2^k}{k!} = \begin{bmatrix} \frac{e^2+1}{2} & \frac{e^2-1}{2} \\ \frac{e^2-1}{2} & \frac{e^2+1}{2} \end{bmatrix}.$$

(23) Por meio do exercício precedente, calcule $\exp\left(\begin{bmatrix} 0 & 1 \\ 1 & 0 \end{bmatrix}\right)$.

Solução. Considerando a matriz X do exercício precedente, então temos que $\begin{bmatrix} 0 & 1 \\ 1 & 0 \end{bmatrix} = \begin{bmatrix} 1 & 1 \\ 1 & 1 \end{bmatrix} - \begin{bmatrix} 1 & 0 \\ 0 & 1 \end{bmatrix} = X - I$. Pelo seguinte Teorema temos que $\exp(X - I) = \exp(X)\exp(-I) = \exp(X) \cdot \frac{1}{e} = \begin{bmatrix} \frac{e^2+1}{2e} & \frac{e^2-1}{2e} \\ \frac{e^2-1}{2e} & \frac{e^2+1}{2e} \end{bmatrix}$.

Abaixo, veja um teorema conhecido cuja demonstração é geralmente dada nos livros de Grupos de Lie.

Teorema 1. Se X e Y são duas matrizes $n \times n$, então

$$\exp(X + Y) = \exp(X)\exp(Y)$$

se, e somente se, X e Y comutam entre si, isto é $XY = YX$.

(24) Mostre que se duas matrizes X e Y comutam entre si, então vale a seguinte:

$$\exp(X + Y) = \exp(X)\exp(Y).$$

Solução. O fato de que $XY = YX$ implica que a solução do exercício é exatamente na mesma forma que é provada em Cálculo a relação de:

$$\exp(x + y) = \exp(x)\exp(y)$$

para números x e y.

(25) Mostre que quando $\exp(X + Y) = \exp(X)\exp(Y)$ vale para matrizes reais, então $XY = YX$.

Solução. Basta comprar os termos quadráticos da expansão de $\exp(t(X + Y))$ e das expansões de $\exp(tX)\exp(tY)$ como séries de potências em variável t querendo que os termos de mesmo grau sejam iguais para todo t. Isso nós dará

$$\frac{t^2(\mathrm{X} + \mathrm{Y})^2}{2!} = \frac{\mathrm{t}^2\mathrm{X}^2}{2!} + \frac{t^2Y^2}{2!} + t^2XY$$

Logo, $XY = YX$.

Considerando o Exercício 33 a seguir, o exercício precedente deve explicar que o caso analisado no Exercício 33 envolve matrizes não reais, e números transcendentes.

(26) (Inversa de exponencial) Por meio de um exemplo, mostre que $\exp(X^{-1}) \neq \exp(X)^{-1}$. Mostre que $\exp(X)^{-1} = \exp(-X)$.

Solução. Seja $X = \begin{bmatrix} 1 & -1 \\ 0 & 1 \end{bmatrix}$. Então, $X^{-1} = \begin{bmatrix} 1 & 1 \\ 0 & 1 \end{bmatrix}$. Por outro lado, $\exp(X^{-1}) = \begin{bmatrix} e & e \\ 0 & e \end{bmatrix}$. Mas, $\exp(X) = \begin{bmatrix} e & -e \\ 0 & e \end{bmatrix}$ e logo, $\exp(X)^{-1} = \begin{bmatrix} 1/e & 1/e \\ 0 & 1/e \end{bmatrix}$. Portanto, o primeiro resultado do exercício. Para o segundo, basta provar que $\exp(X)\exp(-X) = I$. Mas, X comuta com $-X$, então $I = \exp(0) = \exp(X - X) = \exp(X)\exp(-X)$.

(27) (Computação de exponencial de matrizes por meio de diagonalização) Por meio da diagonalização de matriz ache a $\exp(\begin{bmatrix} 0 & 1 \\ 1 & 0 \end{bmatrix})$.

Solução. A matriz $A = \begin{bmatrix} 0 & 1 \\ 1 & 0 \end{bmatrix}$ é diagonalizável. Seus autovalores são $\lambda_1 = 1, \lambda_2 = -1$. Para este, os autovetores correspondentes podem ser escolhidos $v_1 = \begin{bmatrix} 1 \\ 1 \end{bmatrix}, v_2 = \begin{bmatrix} 1 \\ -1 \end{bmatrix}$ respectivamente. Logo a matriz diagonalizadora é $S = \begin{bmatrix} 1 & 1 \\ 1 & -1 \end{bmatrix}$, e sua inversa é $S^{-1} = \frac{1}{2}\begin{bmatrix} 1 & 1 \\ 1 & -1 \end{bmatrix}$. Daí, $S^{-1}AS = D = \begin{bmatrix} 1 & 0 \\ 0 & -1 \end{bmatrix}$. Portanto, $S^{-1}\exp(A)\,S = \exp(D)$. Isso implica que

$$\exp\left(\begin{bmatrix} 0 & 1 \\ 1 & 0 \end{bmatrix}\right) = S\begin{bmatrix} e & 0 \\ 0 & e^{-1} \end{bmatrix}S^{-1} = \begin{bmatrix} \frac{e^2+1}{2e} & \frac{e^2-1}{2e} \\ \frac{e^2-1}{2e} & \frac{e^2+1}{2e} \end{bmatrix} = \begin{bmatrix} \cosh(1) & \operatorname{senh}(1) \\ \operatorname{senh}(1) & \cosh(1) \end{bmatrix}.$$

Isso é a mesma resposta do Exercício 23. Notamos que a matriz do lado direito é expressa como funções trigonométricas hiperbólicas.

(28) (Valor de séries numéricas por meio de exponencial de matrizes) Calcule o valor das séries numéricas $\sum_{k=0}^{\infty}\frac{1}{(2k)!}$ e $\sum_{k=0}^{\infty}\frac{1}{(2k+1)!}$ por meio de exponencial de uma matriz.

Solução. Considere a matriz $A=\begin{bmatrix}0 & 1\\ 1 & 0\end{bmatrix}$ do exercício precedente. Calculamos suas potências. Temos que $A^2=\begin{bmatrix}1 & 0\\ 0 & 1\end{bmatrix}=I, A^3=A, A^4=I,..$

Logo,

$$\exp\left(\begin{bmatrix}0 & 1\\ 1 & 0\end{bmatrix}\right)=\begin{bmatrix}1 & 0\\ 0 & 1\end{bmatrix}+\begin{bmatrix}0 & 1\\ 1 & 0\end{bmatrix}+\begin{bmatrix}1/2! & 0\\ 0 & 1/2!\end{bmatrix}+\begin{bmatrix}0 & 1/3!\\ 1/3! & 0\end{bmatrix}+\cdots$$

$$=\begin{bmatrix}\sum_{k=0}^{\infty}1/(2k)! & \sum_{k=0}^{\infty}1/(2k+1)!\\ \sum_{k=0}^{\infty}1/(2k+1)! & \sum_{k=0}^{\infty}1/(2k)!\end{bmatrix}.$$

Agora, comparando este com o resultado do exercício precedente temos o resultado desejado. Isso quer dizer que $\sum_{k=0}^{\infty}\frac{1}{(2k)!}=\frac{e^2+1}{2e}=\cosh(1)$ e $\sum_{k=0}^{\infty}\frac{1}{(2k+1)!}=\frac{e^2-1}{2e}=\operatorname{senh}(1)$. É curioso notar que $\sum_{k=0}^{\infty}\frac{1}{(2k+1)!}+\sum_{k=0}^{\infty}\frac{1}{(2k)!}=e$. E obviamente, $\sum_{k=0}^{\infty}\frac{1}{k!}=e$.

No exercício a seguir, a exponencial de uma matriz triangular superior é computada. O leitor pode mostrar que este não é um caso muito restrito, pois toda matriz é semelhante com uma matriz triangular, e portanto, é importante saber como computar a exponencial de matrizes triangulares.

(29) Calcule $\exp\left(\begin{bmatrix}\alpha & \beta\\ 0 & \gamma\end{bmatrix}\right)$.

Solução. Incialmente vamos supor que $\alpha \neq \gamma$. Neste caso computamos as potências de $A = \begin{bmatrix} \alpha & \beta \\ 0 & \gamma \end{bmatrix}$. Temos que:

$$A^2 = \begin{bmatrix} \alpha^2 & \alpha\beta + \beta\gamma \\ 0 & \gamma^2 \end{bmatrix}, A^3 = \begin{bmatrix} \alpha^3 & \alpha^2\beta + \beta\gamma + \beta\gamma^2 \\ 0 & \gamma^3 \end{bmatrix}, \cdots$$

$$A^k = \begin{bmatrix} \alpha^k & u^k \\ 0 & \gamma^k \end{bmatrix}.$$

onde, $u^k = \sum_{j=0,i+j=k-1}^{\infty} \alpha^i \beta \gamma^j$. Daí, $\sum_{k=0}^{\infty} \frac{u^k}{k!} = \frac{\beta(e^\alpha - e^\gamma)}{\alpha - \gamma}$. Portanto,

$$\exp\left(\begin{bmatrix} \alpha & \beta \\ 0 & \gamma \end{bmatrix}\right) = \begin{bmatrix} e^\alpha & \frac{\beta(e^\alpha - e^\gamma)}{\alpha - \gamma} \\ 0 & e^\gamma \end{bmatrix}.$$

Caso, $\alpha = \gamma$ a resposta é

$$\exp\left(\begin{bmatrix} \alpha & \beta \\ 0 & \alpha \end{bmatrix}\right) = \begin{bmatrix} e^\alpha & \beta e^\alpha \\ 0 & e^\alpha \end{bmatrix} = e^\alpha \begin{bmatrix} 1 & \beta \\ 0 & 1 \end{bmatrix}.$$

(30) Calcule a função matricial exponencial $\exp\left(\begin{bmatrix} 1 & 1 \\ 0 & 0 \end{bmatrix}\right)$ em duas maneiras, diretamente pela definição e por meio do exercício precedente.

Solução. Seja $A = \begin{bmatrix} 1 & 1 \\ 0 & 0 \end{bmatrix}$. Daí, para todo número natural k vale $A^k = A$. Portanto, $\exp(A) = \sum_{k=0}^{\infty} \frac{A^k}{k!} = I + A \sum_{k=1}^{\infty} \frac{1}{k!} = I + A(e-1)$. O lado direito dessa expressão é igual a $\begin{bmatrix} 1 & 0 \\ 0 & 1 \end{bmatrix} + \begin{bmatrix} e-1 & e-1 \\ 0 & 0 \end{bmatrix} = \begin{bmatrix} e & e-1 \\ 0 & 1 \end{bmatrix}$. Logo, $\exp(A) = \begin{bmatrix} e & e-1 \\ 0 & 1 \end{bmatrix}$. Por outro lado, podemos aplicar o resultado do exercício precedente e notar a mesma resposta, pois $\alpha = 1, \gamma = 0, \beta = 1$.

(31) (Exponencial de matrizes especiais) Mostre que a exponencial de matrizes simétricas é simétrica, de nilpotentes é unipotente, de triangulares é triangular, de positivas definidas é positiva definida.

Qual é a exponencial de uma matriz involutiva? Qual é a exponencial de uma matriz projetiva?

Solução. É óbvio que se X é uma matriz simétrica, seus potenciais também são, e a soma de matrizes simétricas é simétrica. Isso implica que $exp(X)$ é simétrica. Os potenciais de matrizes triangulares (superiores respectivamente inferiores) são matrizes triangulares (superiores respectivamente inferiores), o mesmo também vale para suas somas e então a exponencial de uma matriz triangular é triangular.

Se X é uma matriz nilpotente de nível m então $X^m = 0$ e $X^{m-1} \neq 0$. Portanto, $\exp(X) = I + X + \cdots + \frac{X^{m-1}}{(m-1)!}$. Agora,

$$\exp(X) - I = X(I + \cdots + \frac{X^{m-2}}{(m-1)!}).$$

Logo, $(\exp(X) - I)^m = X^m \left(I + \cdots + \frac{X^{m-2}}{(m-1)!}\right)^m = 0$, pois as duas matrizes $(I + \cdots + \frac{X^{m-2}}{(m-1)!})$ e X comutam entre si.

Se X é uma matriz real positiva definida, então ela é simétrica, e suas potências são positivas definidas também. Portanto, $\exp(X)$ é positiva definida. De fato, para provar que para todo número natural k a matriz X^k é positiva definida, podemos aplicar a diagonalização e entender que existe uma matriz ortogonal S tal que $S^{-1}DS = X^k$ é diagonal com todas as entradas não negativas (pois os autovalores de X^k são k-ésimo potência de autovalores de X que são maior ou igual a zero). Agora, a definição das matrizes positivas definidas requer que para todo vetor coluna v não nulo o produto ${}^t v X^k v$ seja não negativa. Logo, em vez de X^k podemos escrever ${}^t v S^{-1} D S v$. Mas, isso é igual a ${}^t v\ {}^t S D S v = {}^t(Sv) D (Sv) \geq 0$.

Uma matriz quadrada A não nula é *matriz involutiva* quando $A^2 = I$. Uma matriz P é *matriz projetiva* quando $P^2 = P$. Computar a exponencial de uma matriz projetiva P é fácil, pois, para todo número natural k vale a igualdade

$P^k = P$. Logo, $\exp(P) = \sum_{k=0}^{\infty} P^k/k! = I + P\sum_{k=1}^{\infty}\frac{I}{k!} = I + P(e-1) = I + (e-1)P$.

Quando uma matriz A é involutiva, seus potenciais de ordens pares são identidade e seus potenciais de ordens ímpares são iguais a A. Isso deve indicar como computar $\exp(A)$.

A soma direta de matrizes e suas exponenciais. Para duas matrizes quadradas A e B definimos a sua *soma direita* como a matriz em blocos $\begin{bmatrix} A & 0 \\ 0 & B \end{bmatrix}$ e a denotamos por $A \oplus B$.

(32) Mostre que $\exp(A \oplus B) = \exp(A) \oplus \exp(B)$.

Solução. A multiplicação e potenciação das matrizes em blocos mostram-nos que $(A \oplus B)^k = A^k \oplus B^k = \begin{bmatrix} A^k & 0 \\ 0 & B^k \end{bmatrix}$. Logo, o resultado desejado.

Um exemplo do livro de J. Higham. No seu livro (Functions of Matrices, Theory and Computations) Nicholas J. Higham oferece um exemplo com respeito do Exercício (25). Mais especificamente, neste livro é demonstrado que a igualdade $\exp(X+Y) = \exp(X)\exp(Y)$ pode ser alcançada sem que as matrizes X e Y comutam entre si.

(33) Mostre que para matrizes $X = \begin{bmatrix} 0 & 0 \\ 0 & 2\pi i \end{bmatrix}$ e $Y = \begin{bmatrix} 0 & 1 \\ 0 & 2\pi i \end{bmatrix}$ não comutam mais que ainda vale a igualdade seguinte:

$$\exp(X+Y) = \exp(X)\exp(Y).$$

Solução. $XY = \begin{bmatrix} 0 & 0 \\ 0 & -4\pi^2 \end{bmatrix}, YX = \begin{bmatrix} 0 & 2\pi i \\ 0 & -4\pi^2 \end{bmatrix}$ e logo, $XY \neq YX$. Por outro lado, $\exp(X) = I + \begin{bmatrix} 0 & 0 \\ 0 & 2\pi i \end{bmatrix} + \frac{1}{2!}\begin{bmatrix} 0 & 0 \\ 0 & (2\pi i)^2 \end{bmatrix} + \cdots$ e a soma é igual a $\begin{bmatrix} 1 & 0 \\ 0 & e^{2\pi i} \end{bmatrix} = \begin{bmatrix} 1 & 0 \\ 0 & \cos(2\pi) + i\mathrm{sen}(2\pi) \end{bmatrix} = I$. Então, $\exp(X) = I$.

Por outro lado, $\exp(Y) = \begin{bmatrix} 1 & 1 + \frac{1}{2!}(2\pi i) + \frac{1}{3!}(2\pi i)^2 + \cdots \\ 0 & 1 \end{bmatrix} = \begin{bmatrix} 1 & -1 + e^{2\pi i} \\ 0 & 1 \end{bmatrix} = I$. E de novo $\exp(Y) = I$. Similarmente, temos que $\exp(X + Y) = I$.

Em particular, a solução deste exercício mostra que existem matrizes que não são iguais, mas que suas exponenciais são.

Com relação ao exercício precedente dizemos que uma matriz é *matriz algébrica* quando suas entradas são números algébricos.

(34) Mostre que se uma matriz é algébrica, ela satisfaz uma equação polinomial algébrica, onde dizemos que um polinômio é *polinômio algébrico* quando seus coeficientes são números algébricos.

Solução. Toda matriz quadrada satisfaz o seu polinômio característico (Teorema de Cayley e Hamilton). Os coeficientes de polinômio característico são subdeterminantes da matriz dada (veja livro [Sho tmc]). Os subdeterminantes são números algébricos quando a matriz é uma matriz algébrica.

De acordo com esta definição, a matriz usada no Exercício 33 não é algébrica, ela é transcendente. Agora fica claro que uma matriz é *matriz transcendente* quando ela não é algébrica. O conjunto das matrizes $m \times n$ algébricas formam um espaço vetorial sobre o corpo de números algébricos. Por outro lado, como a soma de dois números transcendentes pode não ser transcendente, o conjunto das matrizes transcendentes não forma um espaço vetorial.

(35) (Matrizes cruzadas) Mostre que exponencial de matrizes cruzadas é cruzada.

Solução. Pelo Exercício 101 da página 33 do livro [Sho exal1] sabemos que a soma e produto das matrizes cruzadas são cruzadas. Portanto, a exponencial de qualquer matriz cruzada é cruzada.

(36) Resolva a equação $\exp(tX) = \exp(t^2X)$ para toda matriz quadrada X.

Solução. Basta colocar $t^kX^k = t^{2k}X^{2k}$. Logo, $t = 0$ ou $t = 1$.

(37) Calcule $\exp(\exp(I))$.

Solução. É claro que $\exp(I) = eI$. Logo, $\exp(\exp(I)) = \sum_{k=0}^{\infty} \frac{(eI)^k}{k!} = e^eI$.

Limite e continuidade da função exponencial matricial. Seja X uma matriz $n \times n$ dada e t uma variável. Neste exercício vamos supor que t é uma variável real. Consideramos a função real matricial, $f_X: \mathbb{R} \to M_n(\mathbb{R})$ definida pela $f_X(t) = \exp(tX)$. Podemos analisar a função $f_X(t)$ como uma função real matricial, estudar seus limites e sua continuidade.

(38) Mostre que $\lim_{t\to 0} f_X(t) = I$.

Solução. A questão principal é troca de limite com a soma infinita. A exponencial $\exp(tX)$ é definida exatamente como exponencial de uma matriz quadrada apresentada nos exercícios precedentes. Portanto,

$$\exp(tX) = \sum_{k=0}^{\infty} \frac{(tX)^2}{k!} = I + tX + \frac{(tX)^2}{2!} + \cdots + \frac{(tX)^m}{m!} + \cdots$$

$$= I + tX + \frac{t^2X^2}{2!} + \cdots + \frac{t^mX^m}{m!} + \cdots$$

Agora vamos provar que $\exp(tX)$ é uma série convergente uniforme em todo subintervalo fechado e limitado de $\mathbb{R}$. Para isso suponhamos que L é um subintervalo desse tipo e de comprimento r. Computamos uma cota superior para a norma de $\exp(tX)$.

$$\| \exp(tX) \| \leq \sum_{k=0}^{\infty} \frac{\| t^k X^k \|}{k!} \leq \sum_{k=0}^{\infty} \frac{|t|^k \| X \|^k}{k!} \leq \sum_{k=0}^{\infty} \frac{r^k \| X \|^k}{k!}.$$

Notamos que X é uma matriz dada e então sua norma é um número fixo, e que r também é um número fixo, e logo a sequência $\frac{r^k\|X\|^k}{k!}$ tende para zero muito rápida. Isso deve explicar a convergência uniforme. Também a mesma questão pode ser respondida por meio de M-teste de Weierstrass (veja o livro [Sho uvc]).

Agora, com a convergência uniforme podemos trocar o limite com a soma infinita. Isso nos dará:

$$\lim_{t\to 0} \exp(tX) = \lim_{t\to 0} \sum_{k=0}^{\infty} \frac{(tX)^2}{k!} = I + \sum_{k=1}^{\infty} \lim_{t\to 0} \frac{(tX)^2}{k!} = I + 0 = I.$$

Da mesma forma $\lim_{t\to t_0} f_X(t) = f_X(t_0)$. Tudo isso mostra que a função $\exp(tX)$ é contínua em toda reta $\mathbb{R}$.

(39) (O limite de norma de matrizes positivas) Seja X uma matriz positiva. Mostre que se existir uma constante C tal que $\| X \|^k \leq C$ para todo inteiro k então, $X = I$.

Solução. Vamos inicialmente considerar um número positivo x em vez de matriz X. Se $x > 1$ logo para algum inteiro k temos que $x^k > C$ que é uma contradição. Se $x < 1$ também vale $|x|^k = 0$ para algum inteiro k. E logo, $x = 0$. Portanto, $x = 1$. Agora notamos que se X fosse uma matriz positiva diagonal, então se existir uma entrada de diagonal x tal que $x \neq 1$, com o mesmo raciocínio chegamos a uma contradição. Em geral, sabemos que X é diagonalizável por meio de uma matriz diagonalizadora ortogonal. Pelo Exercício (13) a norma de X é igual a norma da matriz diagonal com entradas e os autovalores de X. Podemos então aplicar a solução do caso de matrizes diagonais positivas.

2.4 O logaritmo

Não devem existir dúvidas sobre a importância da função logaritmo na ciência e na matemática. Nesta parte explicamos uma definição para o logaritmo matricial baseada na definição de logaritmo como expansão em uma série infinita.

A função logaritmo matricial. A função logaritmo real é definida por meio de uma integral como $\ln(x) = \int_1^x \frac{1}{t} dt$. Entre as suas propriedades a expansão dela como a seguinte série de potência é de destaque:

$$\ln(x) = \sum_{k=1}^{\infty} \frac{(-1)^{k+1}}{k} (x-1)^k$$

quando $|x-1| < 1$ a série é convergente.

Esta expansão e suas condições da convergência nos direcionam a definir a função logaritmo matricial para uma matriz quadrada X, a seguir:

Definição 8. A *função logaritmo matricial real* para matrizes X em $GL_n(\mathbb{R})$ (matrizes reais inversíveis) é definida pela seguinte série da potência:

$$\log(X) = \sum_{k=1}^{\infty} \frac{(-1)^{k+1}}{k} (X-I)^k,$$

onde, $\| X - I \| < 1$.

Relembramos que (veja Exercício 15) deste capítulo, a desigualdade precedente, implica que a matriz X é inversível. Esta propriedade deve ser comparada com a condição de que na expansão de função logaritmo real $x \neq 0$.

Teorema 2. Para toda $X \in M_n(\mathbb{R})$ tal que $\| X - I \| < 1$ vale as seguintes:

1- $\exp(\log(X)) = X$;

2- para toda X tal que $\| X \| < \ln(2)$ vale $\log(\exp(X)) = X$.

(40) Calcule $\log(X)$, onde $X = \begin{bmatrix} 1 & 1/2 \\ 0 & 1 \end{bmatrix}$.

Solução. Notamos que $X - I = \begin{bmatrix} 0 & 1/2 \\ 0 & 0 \end{bmatrix}$, e $\| X - I \| < 1$. Já que $(X - I)^2 = \begin{bmatrix} 0 & 0 \\ 0 & 0 \end{bmatrix}$, então a expansão do logaritmo nos mostra que $\log(X) = \begin{bmatrix} 0 & 1/2 \\ 0 & 0 \end{bmatrix}$.

(41) Com os dados do exercício precedente verifique a validade das afirmações do teorema precedente.

Solução. Temos que $\log(X)^2 = \begin{bmatrix} 0 & 0 \\ 0 & 0 \end{bmatrix}$. Daí, $\exp(\log(X)) = \sum_{k=0}^{\infty} \frac{\log(X)^2}{k!} = \begin{bmatrix} 1 & 0 \\ 0 & 1 \end{bmatrix} + \begin{bmatrix} 0 & 1/2 \\ 0 & 0 \end{bmatrix} = \begin{bmatrix} 1 & 1/2 \\ 0 & 1 \end{bmatrix} = X$.

Também, temos que $\log(\exp(X)) = X$. Basta escolher uma matriz como $X = \begin{bmatrix} 1 & a \\ 0 & 1 \end{bmatrix}$ com a condição de que $0 < a < \log(2)$.

(42) É verdade que $\log(X^2) = 2\log(X)$?

Solução. A resposta em geral é negativa. Pode ser que $\log(X^2)$ não esteja definida, como no caso de $X = \begin{bmatrix} 1 & 1/2 \\ 0 & 1 \end{bmatrix}$, onde $X^2 = \begin{bmatrix} 1 & 1 \\ 0 & 1 \end{bmatrix}$ e logo a norma $\| X^2 - I \| \nless 1$. Mas, para toda matriz $X = \begin{bmatrix} 1 & a \\ 0 & 1 \end{bmatrix}$, onde $0 < 2a < 1$, temos que $\| X^2 - I \| < 1$ e $\log(X^2) = \begin{bmatrix} 1 & 2a \\ 0 & 1 \end{bmatrix} = 2\log(X)$.

(43) O logaritmo das matrizes unipotentes sempre existe?

Solução. Se uma matriz A é unipotente, então, existe um número natural $m > 1$ tal que $(A - I)^m = 0$. Portanto, a soma infinita que defina a função logaritmo neste caso é uma soma finita e certamente convergente.

Por exemplo, seja $A = \begin{bmatrix} 1 & a \\ 0 & 1 \end{bmatrix}$. Neste caso $(A - I)^2 = 0$ é a matriz nula e a condição $\| A - I \| < 1$ não é necessariamente satisfeita, mas temos que $\log(A) = A - I = \begin{bmatrix} 0 & a \\ 0 & 0 \end{bmatrix}$.

Capítulo 3

As Derivadas e Integrais

Derivadas de funções é como aprendemcs nas disciplinas de Cálculo, são definidas por meio de conceito do limite. O mesmo pode ser feito para matrizes funcionais onde suas entradas são deriváveis. Para fazer isso, do mesmo modo que o conceito de limite para matrizes é definido entrada por entrada, a derivada de uma matriz também é definida entrada por entrada, ou seja, é uma operação linear.

3.1 A derivada de matrizes

Para uma melhor apresentação, considerando equações diferenciais e físicas, vamos denotar as variáveis por t, supondo que $X(t)$ é uma matriz funcional.

Definição 1. A derivada de matriz $X(t) = (x_{ij}(t))$ é definida pela derivada de cada entrada:

$$\frac{d}{dt}X(t) = X'(t) = \left(\frac{d}{dt}x_{ij}(t)\right).$$

Até onde a derivada de uma matriz satisfaz as mesmas propriedades da derivada de uma função? Vamos descobrir isso nos seguintes exercícios.

(1) Calcule a derivada da matriz $X(t) = \begin{bmatrix} t^2+1 & e^t & 5 \\ \cos(t) & 0 & 4t^3 \\ 7/t & \text{sen}(t) & 2e^{t^2} \end{bmatrix}$.

Solução. Vale notar que $\frac{d}{dt}X(t) = \begin{bmatrix} 2t & e^t & 0 \\ -\text{sen}(t) & 0 & 12t^2 \\ -7/t^2 & cos(t) & 4te^{t^2} \end{bmatrix}$.

(2) Considere a matriz da rotação no plano por ângulo θ. Mostre que a sua derivada com respeito da θ também é uma matriz ortogonal.

Solução. A referida matriz é uma matriz ortogonal como $X(\theta) = \begin{bmatrix} \cos(\theta) & \operatorname{sen}(\theta) \\ -\operatorname{sen}(\theta) & \cos(\theta) \end{bmatrix}$. Sua derivada é $X'(\theta) = \begin{bmatrix} -\operatorname{sen}(\theta) & \cos(\theta) \\ -\cos(\theta) & -\operatorname{sen}(\theta) \end{bmatrix}$. A matriz vale a propriedade $X'(\theta)\ {}^{t}X'(\theta) = I$. Obviamente, vale a igualdade $X'(\theta)^{-1} = {}^{t}X'(\theta)$.

(3) Dê uma interpretação do resultado do exercício precedente em linguagem de números complexos.

Solução. Sabemos que um número complexo $a + bi$ pode ser representado como uma matriz $\begin{bmatrix} a & b \\ -b & a \end{bmatrix}$ quando seu determinante é igual a 1 ela pode ser vista como o número complexo $e^{i\eta} = \cos(\eta) + i\operatorname{sen}(\eta)$, onde η é o argumento do número $a + bi$. Agora, a matriz $X(\theta)$ do exercício precedente pode ser reescrita como o número complexo $e^{i\theta} = \cos(\theta) + i\operatorname{sen}(\theta)$. Por outro lado, a matriz $X'(\theta)$ pode ser escrita como $-\operatorname{sen}(\theta) + i\cos(\theta) = ie^{i\theta}$ que é exatamente a derivada de $e^{i\theta}$ com respeito de θ. Considerando a matriz ${}^{t}X'(\theta)$ ela pode ser vista como $-ie^{-i\theta}$. Logo, o produto $(ie^{i\theta})(-ie^{-i\theta}) = 1$ é o mesmo resultado do exercício precedente. Como outro resultado temos que $X(\theta)X'(\theta) = e^{i\theta}\big(i\, e^{i\,\theta}\big) = ie^{2i\theta} = -\operatorname{sen}(2\theta) + i\cos(2\theta)$.

Propriedades de derivada de matrizes. Considerando as propriedades de derivadas de funções deriváveis reais ou complexas, começamos com a seguinte.

(4) Mostre que quando $A(t)$ e $B(t)$ são matrizes funcionais onde a soma $A(t) + B(t)$ existe, então vale a seguinte propriedade de derivada de soma:

$$\big(A(t) + B(t)\big)' = A(t)' + B(t)'.$$

Solução. Uma entrada arbitrária de soma $A(t) + B(t)$ é de forma $a_{ij}(t) + b_{ij}(t)$. Aplicando a fórmula da derivada de soma de funções, temos que $\left(a_{ij}(t) + b_{ij}(t)\right)' = a_{ij}(t)' + b_{ij}(t)'$. Isso mostra o resultado desejado.

(5) Mostre que se $A(t)$ e $B(t)$ são matrizes funcionais onde o produto $A(t)B(t)$ existe, então vale a seguinte propriedade de derivada de produto:

$$\left(A(t)B(t)\right)' = A(t)'B(t) + A(t)B(t)'.$$

Solução. Seja $C(t) = A(t)B(t)$. Logo, uma entrada arbitrária $c_{ij}(t)$ desse produto é igual a $\sum_{k=1}^{n} a_{ik}(t)b_{kj}(t)$ onde n é o número das colunas de $A(x)$ que também é igual ao número das linhas de $B(x)$. Aplicando a derivada de soma e multiplicação das funções, temos que

$$c_{ij}(t)' = \left(\sum_{k=1}^{n} a_{ik}(t)b_{kj}(t)\right)' = \sum_{k=1}^{n} a_{ik}(t)'b_{kj}(t)$$
$$= A(t)'B(t) + A(t)B(t)'.$$

Isso explica o resultado desejado.

(6) Mostre que se C é uma matriz constante então a derivada $\left(CA(t)\right)' = C\,A(t)'$.

Solução. Isso é uma consequência do exercício precedente, pois $C' = 0$.

(7) Mostre que a regra de potenciação NÃO vale para a derivada de matrizes.

Solução. Devemos mostrar que existem matrizes funcionais $A(t)$ e números naturais n tal que $(A(t)^n)' \neq nA(t)'A(t)^{n-1}$. Para isso consideramos a matriz funcional $A(t) = \begin{bmatrix} t^2 & 2t \\ 1 & 0 \end{bmatrix}$. Temos que $A(t)' = \begin{bmatrix} 2t & 2 \\ 0 & 0 \end{bmatrix}$. Seja $n = 2$, então temos que $(A(t)^2)' = \begin{bmatrix} 4t^3 + 2 & 6t^2 \\ 2t & 2 \end{bmatrix}$ e obviamente, $(A(t)^2)' \neq 2\,A(t)'A(t)$, e também ainda $(A(t)^2)' \neq 2\,A(t)A(t)'$.

(8) (Regra de cadeia não vale) Mostre que a *regra de cadeia* de funções diferenciáveis não vale para matrizes funcionais.

Solução. Considere o exemplo $A(t) = \begin{bmatrix} t & t+1 \\ t^2 & t-1 \end{bmatrix}$. Sua derivada é $A(t)' = \begin{bmatrix} 1 & 1 \\ 2t & 1 \end{bmatrix}$ e a igualdade da regra da cadeia que diz $(A(t)^2)' = 2\,A(t)A(t)'$ não valem para esta matriz funcional.

A razão para dois exercícios precedentes é o fato de que o produto das matrizes não é uma operação comutativa.

(9) (Derivada de quociente) A regra de derivada de quociente de duas funções NÃO vale para matrizes funcionais.

Solução. Basta demonstrar que existem matrizes funcionais $A(t)$ inversíveis tal que a derivada$(A(t)^{-1})' \neq -A(t)'A(t)^{-2}$. Para isso, seja $A(t) = \begin{bmatrix} t+1 & t^2 \\ 1 & t-1 \end{bmatrix}$, cujo determinante é -1. Sua inversa é a matriz $A(t)^{-1} = \begin{bmatrix} 1-t & t^2 \\ 1 & -1-t \end{bmatrix}$, e $(A(t)^{-1})' = \begin{bmatrix} -1 & 2t \\ 0 & -1-t \end{bmatrix}$. Por outro lado, $-A(t)'A(t)^{-2}$ é uma matriz polinomial com grau 4. Logo, $(A(t)^{-1})' \neq -A(t)'A(t)^{-2}$.

3.2 A derivada de produtos especiais

Alguns produtos de matrizes são bem conhecidos e utilizados em análise, geometria, teoria dos números e álgebra. Esses produtos são produto de Lie, produto de Jordan e outros.

(10) Ache a fórmula da derivada para produto de Lie de duas matrizes funcionais.

Solução. Para duas matrizes funcionais da mesma variável o *produto de Lie* delas é $[A(t)\ B(t)] = A(t)B(t) - B(t)A(t)$. Logo, calculando a derivada de ambos os lados da igualdade temos que:

$$[A(t)\ \ B(t)]' = [A(t)'\ \ B(t)] + [A(t)\ \ B(t)'].$$

(11) Ache uma fórmula para a derivada de produto de Jordan das matrizes funcionais.

Solução. Para duas matrizes funcionais reais da mesma variável o *produto de Jordan* delas é $A(t) \circ B(t) = 1/2(A(t)B(t) + B(t)A(t))$. Calculando a derivada de ambos os lados da igualdade temos que:

$$\big(A(t) \circ B(t)\big)' = A(t)' \circ B(t) + A(t) \circ B(t)'.$$

(12) (Produto triplo de Jordan) Para matrizes não necessariamente quadradas, $m \times n$ com variável u, o *triplo de Jordan* é definido como:

$$\{X(u), Y(u), Z(u)\} = 1/2(X(u)\ {}^tY(u)Z(u) + Z(u)\ {}^tY(u)Z(u)).$$

Ache uma fórmula para sua derivada com respeito de u.

Solução. Simplesmente colocamos a resposta, sabendo que a derivada de transposta de uma matriz é igual a transposta da sua derivada.

$$\begin{aligned}\{X(u), Y(u), Z(u)\}'&\\ &= \{X(u)', Y(u), Z(u)\} + \{X(u), Y(u)', Z(u)\}\\ &+ \{X(u), Y(u), Z(u)'\}.\end{aligned}$$

(13) (Produto vetorial de vetores) Um caso bem conhecido de produto vetorial é certa operação para gerar um novo vetor por meio de dois vetores no espaço vetorial $\mathbb{R}^3$. Sejam $u(t) = (u_1(t), u_2(t), u_3(t))$ e $v(t) = (v_1(t), v_2(t), v_3(t))$ dois vetores funcionais, de variável t de $\mathbb{R}^3$. O *produto vetorial* deles é

$$u \times v = (u_2v_3 - v_2u_3, u_1v_3 - u_3v_1, u_1v_2 - v_1u_2).$$

Mostre que este produto satisfaz as seguintes condições:

$(\alpha u) \times v = v \times (\alpha v) = \alpha(u \times v)$;

$u \times u = 0$;

$u \times v = -v \times u$;

$u \times (v_1 + v_2) = u \times v_1 + u \times v_2$;

$(u_1 + u_2) \times v = u_1 \times v + u_2 \times v$;

$u \times v = det \begin{bmatrix} \boldsymbol{i} & \boldsymbol{j} & \boldsymbol{k} \\ u_1 & u_2 & u_3 \\ v_1 & v_2 & v_3 \end{bmatrix}$, onde $\boldsymbol{i} = (1,0,0), \boldsymbol{j} = (0,1,0), \boldsymbol{k} = (0,0,1)$.

Também, mostre que

$$\big(u(t) \times v(t)\big)' = u(t)' \times v(t) + u(t) \times v(t)'.$$

Solução. Todos os itens são feitos com uso das definições e um pouco de cálculos.

(14) (A derivada da matriz exponencial) Considere a matriz exponencial $\exp(tX)$ do Exercício (38) do capítulo anterior. Calcule sua derivada num ponto t_0.

Solução. De acordo com o Exercício (38) do capítulo anterior esta função matricial é contínua para todo número real t. Para computar sua derivada aplicamos a definição da derivada por meio do limite. Pela definição

$$\frac{d}{dt}\exp(tX) = \lim_{t \to t_0} (\exp(tX) - \exp(t_o X))/(t - t_0)\,.$$

Seja $t - t_0 = h$. Logo a derivada de $\exp(tX)$ no ponto t_0 pode ser redefinida como:

$$\frac{d}{dt}(\exp(tX)) = \exp(tX)' = \lim_{h\to 0}(\exp((t_0 + h)X) - \exp(t_0X))/h.$$

Daí, temos que:

$$\frac{d}{dt}(\exp(tX)) = \exp(tX)' = \exp(t_0X)\lim_{h\to 0}(\exp(hX) - I)/h.$$

Mas, $\exp(hX) - I = Xh(1 + \frac{hX}{2!} + \cdots)$. Portanto,

$$\exp(t_0X)\lim_{h\to 0}(\exp(hX) - I)/h = X\exp(t_0X)$$

Isso mostra que $\frac{d}{dt}(\exp(tX))_{t_0} = X\exp(t_0X)$

Algumas vezes nós também escrevemos e^{tX} para denotar $\exp(tX)$. Logo, o resultado desse exercício mostra o esperado: $(e^{tX})' = Xe^{tX}$.

(15) Seja $f(t) = t^2, X = \begin{bmatrix} 1 & 0 \\ 0 & 2 \end{bmatrix}$. Calcule a derivada da função $e^{f(t)X}$ e mostre que $(e^{f(t)X})' = f(t)'X\, e^{f(t)X}$.

Solução. Temos que $e^{f(t)X} = e^{t^2\begin{bmatrix} 1 & 0 \\ 0 & 2 \end{bmatrix}} = \begin{bmatrix} e^{t^2} & 0 \\ 0 & e^{2t^2} \end{bmatrix}$. Portanto, temos que calcular a derivada da matriz do lado direito da igualdade. Isso nos dará:

$$(e^{f(t)X})' = \begin{bmatrix} 2te^{t^2} & 0 \\ 0 & 4te^{2t^2} \end{bmatrix} = 2t\begin{bmatrix} 1 & 0 \\ 0 & 2 \end{bmatrix}\begin{bmatrix} e^{t^2} & 0 \\ 0 & e^{2t^2} \end{bmatrix} = f(t)'X\, e^{f(t)X}.$$

(16) Seja $f(t)$ um polinômio e X uma matriz quadrada dada. Mostre que $(e^{f(t)X})' = f(t)'X\, e^{f(t)X}$.

Solução. Vamos considerar um caso particular onde $f(t) = at^m$. A mesma maneira aplicada no Exercício (38) do capítulo anterior onde a convergência uniforme de $\exp(tX)$ foi demonstrada, podemos igualmente provar a convergência uniforme de $\exp(at^mX)$ e logo, podemos derivar termo por termo desta série infinita. Isso implica que $\exp(at^mX)' =$

$amt^{m-1}Xe^{at^mX}$ que é o resultado desejado neste caso particular. Agora, sabemos que um polinômio é uma soma finita de funções como at^m para os números a e m diferentes. Neste sentido temos que $e^{f(t)X} = e^{a_1t^{m_1}X} \cdot e^{a_2t^{m_2}X} \dots e^{a_nt_n^mX}$. Portanto, podemos aplicar a regra de derivada de produto (veja o Exercício 5 deste capítulo).

Por exemplo, $e^{(t^2+2t)X} = e^{t^2X} \cdot e^{2tX}$. Logo,

$$(e^{(t^2+2t)X})' = (e^{t^2X} \cdot e^{2tX})' = 2tXe^{t^2X} \cdot e^{2tX} + e^{t^2X} \cdot (2Xe^{2tX})$$

$$(2tX)e^{(t^2+2t)X} + 2Xe^{(t^2+2t)X} = (2t+1)Xe^{(t^2+2t)X}.$$

(17) (A derivada da inversa de matrizes) Determine uma fórmula para a derivada da inversa de uma matriz funcional.

Solução. Seja $F(t)$ uma matriz funcional com uma variável t. Suponhamos que ela seja inversível cuja inversa é denotada $F(t)^{-1}$. Então, $F(t)F(t)^{-1} = I$ e podemos calcular a derivada de ambos os lados da igualdade com respeito de t. Isso nos dará: $F(t)'F(t)^{-1} + F(t)(F(t)^{-1})' = 0$. Daí, a fórmula desejada pode ser a seguinte:

$$(F(t)^{-1})' = -F(t)^{-1}F(t)'F(t)^{-1}.$$

(18) Por meio do exercício precedente, calcule a derivada da inversa da matriz $F(t) = \begin{bmatrix} t+1 & t^2 \\ 1 & t-1 \end{bmatrix}$ e mostre que a sua resposta é correta.

Solução. O determinante da matriz $F(t)$ é igual a -1. Então, ela é inversível. A sua inversa é igual a $F(t)^{-1} = \begin{bmatrix} 1-t & t^2 \\ 1 & -1-t \end{bmatrix}$. Portanto, pela fórmula do exercício precedente, temos que $(F(t)^{-1})' = \begin{bmatrix} -1 & 2t \\ 0 & -1 \end{bmatrix}$. Para verificar que a nossa resposta é correta, podemos simplesmente calcular a derivada da matriz $F(t)^{-1}$, e notar que as duas maneiras nos levam á mesma resposta.

3.3 Algumas equações diferenciais matriciais

Nesta parte serão estudadas algumas equações diferenciais matriciais e também apresentada a trigonometria matricial, pois como é esperado, elas aparecem como solução de equação diferencial ordinária da segunda ordem.

(19) Seja $X(t)$ uma matriz funcional quadrada de uma variável t. Resolva a equação diferencial $X'(t) = X(t)$.

Solução. A resposta para este exercício é $X(t) = Ae^{tI}$, para qualquer matriz real constante A, onde I é a matriz identidade, esta matriz pode ser explicitamente determinada com um valor inicial dado. Um exemplo de que o valor inicial seja $X(0) = C$. Logo, $X(0) = A = C$.

(20) Seja $X(s)$ uma matriz funcional quadrada de uma variável real s. Resolva a equação $\frac{d}{ds}X(s) = {}^tX(s)$.

Solução. Seja $X(s) = (x_{ij}(s))$ onde i, j variam de 1 até n. A equação dada no exercício implica que $\frac{d}{ds}x_{ij}(s) = x_{ji}(s)$ para todo i e j de 1 até n. Em particular, para $i = j$ temos que $x_{ii}(s)' = x_{ii}(s)$ que é uma equação diferencial de primeira ordem cuja solução geral é $x_{ii}(s) = ce^s$, para algum número constante c e que representa as entradas da diagonal da solução $X(s)$. Por outro lado, a igualdade $\frac{d}{ds}x_{ij}(s) = x_{ji}(s)$ implica que $x_{ij}(s)'' = x_{ij}(s)$ após trocar i e j. Daí, relembramos que a solução dessa equação diferencial de segunda ordem é $x_{ij}(s) = c_1e^s + c_2e^{-s}$ para algumas constantes c_1 e c_2. Então uma matriz, como a seguinte, é uma solução para a equação desejada:

$$X(s) = \begin{bmatrix} c_1e^s & e^s + e^{-s} \\ e^s - e^{-s} & c_2e^s \end{bmatrix}.$$

Essa é uma solução geral?

(21) Seja $X(s)$ é uma matriz funcional quadrada de uma variável real s. Resolva a equação $\frac{d^2}{ds^2}X(s) = X(s)$, e mostre que a solução é uma generalização do caso de equações diferenciais ordinárias da segunda ordem.

Solução. A solução geral de uma equação diferencial ordinária $y''(s) = y(s)$ nas disciplinas da equação diferencial ordinária é:

$$y(s) = c_1e^s + c_2e^{-s}$$

para alguns números constantes c_1 e c_2. Agora, pelo fato de que as derivadas de uma matriz são entradas por entradas, tem se $x_{ij}(s)'' = x_{ij}(s)$ para todas as entradas $x_{ij}(s)$ da matriz $X(s)$. Logo, a solução geral da referida equação matricial é:

$$X(s) = C_1e^{sI} + C_2e^{-sI}$$

para algumas matrizes C_1 e C_2 constantes.

Num caso particular, como valores iniciais dados $X(0) = I$, $X'(0) = 0$, elas podem ser explicitamente determinadas. Neste caso teremos o sistema seguinte:

$$\begin{cases} C_1I + C_2I = I \\ C_1I - C_2I = 0 \end{cases}$$

cuja solução é $C_1 = C_2 = \frac{1}{2}I$.

(22) Seja s um variável real. Mostre que uma solução da equação diferencial matricial ${}^tX(s)' = -\ {}^tX(s)X'(s)X(s)^{-1}$ é a matriz ortogonal.

Solução. Se $X(s)$ é uma matriz ortogonal então ${}^tX(s) = X(s)^{-1}$, e logo, o lado esquerdo da referida equação diferencial é $(X(s)^{-1})' = -X(s)^{-1}X'(s)X(s)^{-1}$. Então, ${}^tX(s)X(s) = I$, que é verdadeira para matrizes ortogonais.

Podemos analisar a referida equação e a reescrever como ${}^{t}X(s)'X(s) + {}^{t}X(s)X'(s) = 0$, que é a mesma que ${}^{t}X(s)X(s) = A$ para qualquer matriz constante A. Então, existem muitas respostas para $X(s)$, e obviamente uma delas é a matriz ortogonal. Notamos que a matriz A é simétrica e positiva definida com um valor inicial dado como $X(0) = I$ a matriz A fica igual a I e a resposta com essa condição inicial é certamente a matriz ortogonal. Para valor inicial $X(0) = \sqrt{c}$, temos que $X(s) = cI$.

Uma situação semelhante é a questão de demonstrar que a equação diferencial

$$X(s)' = -J\ {}^{t}X(s)^{-1}(\ {}^{t}X(s))'J\ X(s)$$

tem como solução a matriz simplética, onde $J = \begin{bmatrix} 0 & I \\ -I & 0 \end{bmatrix}$. Para resolver esta questão basta relembrar que uma matriz simplética é definida pela ${}^{t}X(s)JX(s) = J$.

(23) Ache uma solução para a equação $X(t)' = AX(t)$, onde t é uma variável real e A é uma matriz constante.

Solução. A resposta é a função exponencial $X(t) = e^{At}$.

A trigonometria matricial. Funções trigonométricas são bem conhecidas em variável real e complexa, e suas propriedades e relações entre elas são os primeiros passos para estudar suas aplicações em toda matemática e onde a matemática é utilizada. Para matrizes também podemos definir certas funções trigonométricas a seguir:

$$\operatorname{sen}(X) = X - \frac{X^3}{3!} + \cdots = \sum_{k=0}^{\infty} \frac{(-1)^k}{(2k+1)!} X^{2k+1}$$

$$\cos(X) = I - \frac{X^2}{2!} + \cdots = \sum_{k=0}^{\infty} \frac{(-1)^k}{(2k)!} X^{2k}$$

(24) Seja α um número real. Mostre que para $I = \begin{bmatrix} 1 & 0 \\ 0 & 1 \end{bmatrix}$ e $X = \begin{bmatrix} 0 & 1 \\ 1 & 0 \end{bmatrix}$ tem se $\operatorname{sen}(\alpha I) = \operatorname{sen}(\alpha)I$ e $\cos(\alpha I) = \cos(\alpha)I$, $\operatorname{sen}(\alpha X) = \operatorname{sen}(\alpha)X$ e $\cos(\alpha X) = \cos(\alpha)X$, respectivamente.

Solução. Pela definição, temos que

$$\operatorname{sen}(\alpha I) = \sum_{k=0}^{\infty} \frac{(-1)^k}{(2k+1)!} \alpha^{2k+1} I^{2k+1} = I \sum_{k=0}^{\infty} \frac{(-1)^k}{(2k+1)!} \alpha^{2k+1} = \operatorname{sen}(\alpha) I$$

No caso particular quando $\alpha = \frac{\pi}{2}$ temos que $\operatorname{sen}(\alpha I) = I$. Para $\alpha = 2\pi$ temos que $\operatorname{sen}(\alpha I) = 0$. Igualmente, temos que $\cos(\alpha I) = \cos(\alpha) I$. No caso onde $X = \begin{bmatrix} 0 & 1 \\ 1 & 0 \end{bmatrix}$ notamos que para potências ímpares vale a igualdade $X^{2k+1} = X$. Logo, $\operatorname{sen}\left(\alpha \begin{bmatrix} 0 & 1 \\ 1 & 0 \end{bmatrix}\right) = \sum_{k=0}^{\infty} \frac{(-1)^k}{(2k+1)!} \alpha^{2k+1} X^{2k+1} = \mathrm{X} \sum_{k=0}^{\infty} \frac{(-1)^k}{(2k+1)!} \alpha^{2k+1} = \operatorname{sen}(\alpha) \begin{bmatrix} 0 & 1 \\ 1 & 0 \end{bmatrix}$.

Por outro lado, temos que $X^{2k} = I$. Logo, $\cos\left(\alpha \begin{bmatrix} 0 & 1 \\ 1 & 0 \end{bmatrix}\right) = \sum_{k=0}^{\infty} \frac{(-1)^k}{(2k)!} \alpha^{2k} X^{2k} = \mathrm{I} \sum_{k=0}^{\infty} \frac{(-1)^k}{(2k)!} \alpha^{2k} = \cos(\alpha) \begin{bmatrix} 1 & 0 \\ 0 & 1 \end{bmatrix}$.

Neste caso, se $\alpha = \frac{\pi}{2}$, logo $\cos(\alpha X) = \cos\left(\frac{\pi}{2}\right) X = 0$.

Os resultados desse exercício nos mostram que de fato as funções trigonométricas seno e cosseno matricial são uma generalização das funções trigonométricas usuais. Nos exercícios a seguir algumas propriedades para funções matriciais trigonométricas, iguais as de usuais são provadas.

(25) Mostre que $\operatorname{sen}(X) = \frac{\mathrm{e}^{\mathrm{i}X} - e^{-iX}}{2i}$ e $\cos(X) = \frac{e^{iX} + e^{-iX}}{2}$. Mostre que a derivada $\operatorname{sen}(X)' = \cos(X)$ e $\cos(X)' = -\operatorname{sen}(X)$.

Solução. A ideia é como no curso de variável complexa onde uma definição para as funções seno e cosseno complexa são dadas utilizando a função exponencial complexa e^{ix}. De fato, temos que:

$$e^{iX} = \sum_{k=0}^{\infty} \frac{(iX)^k}{k!} = \cos(X) + i\text{sen}(X).$$

Daí, $e^{iX} - e^{-iX} = 2i\,\text{sen}(X), e^{iX} + e^{-iX} = 2\cos(X)$. Isso mostra o resultado desejado. Para provar o resultado das derivadas basta aplicar a derivada de função exponencial a seno e cosseno.

(26) Mostre que valem as seguintes:

$$\text{sen}^2(X) + \cos^2(X) = I$$

Quando $XY = YX$, então valem as seguintes:

$$\text{sen}(X \pm Y) = \text{sen}(X)\cos(Y) \pm \cos(X)\,\text{sen}(Y)$$

$$\cos(X \pm Y) = \cos(X)\cos(Y) \mp \text{sen(X)sen}(Y).$$

Solução. Para resolver este exercício utilizamos as identidades de exercício precedente para funções seno e cosseno. Facilmente as computações podem ser feitas.

(27) Ache as matrizes $X(s)$ satisfazendo a equação diferencial $\frac{d^2}{ds^2}X(s) = -X(s)$.

Solução. A solução dela é $X(s) = C_1\text{sen}(sI) + C_2\cos(sI)$ para toda matriz constante C_1 e C_2.

3.4 Integrais de matrizes

Integral de uma matriz é como antiderivação de uma matriz. Antiderivação de uma função $f(t)$ é aquela função $F(t)$ cuja derivada é $f(t)$. A teoria de integração é uma parte de análise, e ela entra nas questões de álgebra linear não somente como integral de uma matriz, mas também como integral sobre um espaço vetorial (ou certos conjuntos como grupos das matrizes) definido pelas matrizes.

Integração é entrada por entrada. A teoria de integração para matrizes é bem simples no sentido de que ela é aplicada linearmente. A integração quando é aplicada a uma matriz, ela é integração de funções reais ou complexas que formam as entradas da matriz dada.

(28) Calcule a integral da matriz real $A(t) = \begin{bmatrix} 2t^2 & t-1 \\ e^t & \cos(t) \end{bmatrix}$, e calcule o resultado para $t = 0$ até $t = 1$.

Solução. Seja $\int A(t)dt$ a integral da matriz $A(t)$. Então pela explicação acima, temos que $\int A(t)dt = \begin{bmatrix} \int 2t^2 dt & \int (t-1)dt \\ \int e^t dt & \int \cos(t)\, dt \end{bmatrix}$. A matriz do lado direito da igualdade é $\begin{bmatrix} \frac{2}{3}t^3 + c_1 & \frac{1}{2}t^2 - t + c_2 \\ e^t + c_3 & \operatorname{sen}(t) + c_4 \end{bmatrix}$ onde c_1, c_2, c_3, c_4 são constantes. A matriz obtida é exatamente a antiderivação da matriz $A(t)$. Para responder a segunda parte do exercício temos que calcular $\int_0^1 A(t)dt = \begin{bmatrix} \int_0^1 2t^2 dt & \int_0^1 (t-1)dt \\ \int_0^1 e^t dt & \int_0^1 \cos(t)\, dt \end{bmatrix} = \begin{bmatrix} \frac{2}{3} & -\frac{1}{2} \\ e-1 & \operatorname{sen}(1) \end{bmatrix}$.

(29) Mostre que as propriedades básicas da integração de funções reais ou complexas valem para integração de matrizes.

Solução. Com as propriedades básicas da integração, nós entendemos as *propriedades lineares* que diz integral de soma de duas funções é igual à soma das suas integrais, e a integral de um número constante vezes uma função é igual ao produto desse número com a integral da referida função. Obviamente essas propriedades valem para integração de matrizes, por causa da linearidade na definição da integração de matrizes.

(30) (Integral da transposta, do traço e da inversa de matrizes) Seja $A(s)$ uma matriz funcional de variável real ou complexa s. Mostre que valem as seguintes propriedades:

(1) $\int \ {}^{t}A(s)ds = \ {}^{t}\!\int A(s)ds$;

(2) $\int tr\big(A(s)\big)ds = tr\int A(s)ds$;

(3) $\int A(s)^{-1}ds = \left(\int A(s)ds\right)^{-1}$ quando $\det\big(A(s)\big) = 1$.

(4) Seja Ω uma matriz constante e $F(t)$ uma matriz funcional. Mostre que então $\Omega\int F(t)dt = \int \Omega F(t)dt$.

Solução. A linearidade da integração de matrizes mostra, de imediato, a validade da primeira propriedade, e também da segunda. Com respeito à terceira propriedade, vamos, inicialmente, mostrar que se $adj(A(s))$ denota a matriz adjunto de $A(s)$ que é definida como a transposta da sua matriz cofator, então $\int adj\big(A(s)\big)ds = adj(\int A(s)ds)$. Pelo fato de que quando $\det\big(A(s)\big) = 1$, temos que $A(s)^{-1} = adj(A(s))$ então o resultado fica provado. Por exemplo, se $A(s) = \begin{bmatrix} s & s-1 \\ 1 & 1 \end{bmatrix}$ o seu determinante é igual a 1.

A demonstração para o item (4) segue as mesmas linhas do caso particular a seguir.

Seja $\Omega = \begin{bmatrix} a & b \\ c & d \end{bmatrix}$ e $\mathrm{F(t)} = \begin{bmatrix} x_1(t) & x_2(t) \\ x_3(t) & x_4(t) \end{bmatrix}$. Então,

$$\Omega\mathrm{F(t)} = \begin{bmatrix} ax_1(t) + bx_3(t) & ax_2(t) + bx_4(t) \\ cx_1(t) + dx_3(t) & cx_2(t) + dx_4(t) \end{bmatrix}.$$

Daí, $\int \Omega F(t)dt = \begin{bmatrix} a\int x_1(t)dt + b\int x_3(t)dt & a\int x_2(t)dt + b\int x_4(t)dt \\ c\int x_1(t)dt + d\int x_3(t)dt & c\int x_2(t)dt + d\int x_4(t)dt \end{bmatrix}$

que é igual a $\Omega\int F(t)dt$.

(31) (Integração da função exponencial) Dê uma definição para a integral da função exponencial matricial $\int e^{At}dt$. O resultado é uma matriz inversível?

Solução. Simplesmente podemos definir que a integral $\int e^{At}dt$ é a integral da matriz e^{At}. Agora, consideremos dois casos, uma vez a matriz A é inversível, onde $A = \begin{bmatrix} 1 & 1 \\ 0 & 1 \end{bmatrix}$ e logo, $e^{At} = e^t \begin{bmatrix} 1 & 1 \\ 0 & 1 \end{bmatrix}$, daí, $\int e^{At}dt = e^t \begin{bmatrix} 1 & 1 \\ 0 & 1 \end{bmatrix}$ que é uma matriz inversível. Outra vez seja $A = \begin{bmatrix} 1 & 1 \\ 0 & 0 \end{bmatrix}$, neste caso $e^{At} = \begin{bmatrix} e^t & e^t - 1 \\ 0 & 1 \end{bmatrix}$ e então, $\int e^{At}dt = \begin{bmatrix} e^t & e^t - t \\ 1 & t \end{bmatrix}$, cuja determinante é $te^t - e^t + t$ que é zero para certo número t , pois, as curvas e^t e $\frac{t}{1-t}$ se interceptam num único ponto no intervalo $(0\,,1)$.

Como uma questão, podemos deixar que o leitor verifique se para matrizes A inversível sempre a referida integral é uma matriz inversível.

(32) Considere duas matrizes inversíveis 2×2 ambas denotadas A, e mostre que para elas vale a seguinte fórmula da integração $\int e^{At}dt = A^{-1}e^{At}$. Está fórmula sempre vale?

Solução. Uma vez seja $A = \begin{bmatrix} 1 & 1 \\ 0 & 1 \end{bmatrix}$. Logo, $e^{At} = \begin{bmatrix} e^t & te^t \\ 0 & e^t \end{bmatrix}$ e $\int e^{At}dt = \begin{bmatrix} e^t & te^t - e^t \\ 0 & e^t \end{bmatrix} = \begin{bmatrix} 1 & -1 \\ 0 & 1 \end{bmatrix} \begin{bmatrix} e^t & te^t \\ 0 & e^t \end{bmatrix} = A^{-1}e^{At}$. Outra vez, seja $A = \begin{bmatrix} 1 & 0 \\ 0 & -1 \end{bmatrix}$. Então, $e^{At} = \begin{bmatrix} e^t & 0 \\ 0 & e^{-t} \end{bmatrix}$ e $\int e^{At}dt = A^{-1}e^{At}$.

(33) (Integração por partes) Sejam $U(t)$ e $V(t)$ matrizes funcionais da mesma variável t. Mostre que a fórmula seguinte de integração por partes pode NÃO ser verdadeira:

$$\int U(t)d\big(V(t)\big) = U(t)V(t) - \int \big(dU(t)\big)V(t).$$

Solução. Considere $\mathrm{U(t)} = \begin{bmatrix} 1 & 2t \\ 0 & 1 \end{bmatrix}$ e $\mathrm{dV(t)} = \begin{bmatrix} e^t & 2e^t \\ 0 & e^t \end{bmatrix}$. Logo, $\mathrm{V(t)} = \begin{bmatrix} e^t & 2e^t \\ 1 & e^t \end{bmatrix}$. Computamos a integral $\int U(t)d\big(V(t)\big)$, ela é igual à $\int \begin{bmatrix} 1 & 2t \\ 0 & 1 \end{bmatrix}\begin{bmatrix} e^t & 2e^t \\ 0 & e^t \end{bmatrix} dt = \begin{bmatrix} e^t & 4e^t \\ 1 & e^t \end{bmatrix}$. Por outro lado, temos que $U(t)V(t) - \int \big(dU(t)\big)V(t) = \begin{bmatrix} e^t & 4e^t \\ 0 & e^t \end{bmatrix} - \int \begin{bmatrix} 2 & 2e^t \\ 0 & 0 \end{bmatrix} dt = \begin{bmatrix} e^t - 2t & 2e^t \\ -1 & e^t - 1 \end{bmatrix}$.

Logo, a igualdade na fórmula de integração por partes não é verdadeira.

3.5 A derivada do determinante

A seguir explicamos como é a derivada do determinante de uma matriz funcional cujas entradas são funções de uma variável t.

(34) Calcule a derivada do determinante de uma matriz 2×2 cujas entradas são funções contínuas de uma variável t.

Solução. Seja $X(t) = \begin{bmatrix} x_1(t) & x_2(t) \\ x_3(t) & x_4(t) \end{bmatrix}$. Então, o seu determinante é $\det\big(X(t)\big) = x_1(t)x_4(t) - x_2(t)x_3(t)$. Daí, temos que a sua derivada de t é igual a:

$$\frac{\det\big(X(t)\big)}{dt} = x_1'(t)x_4(t) + x_1(t)x'_4(t) - x'_2(t)x_3(t) - x_2(t)x'_3(t).$$

É importante notar que a derivada desse determinante pode ser representada como soma de determinantes de matrizes cujas colunas (respectivamente linhas) são derivadas da matriz dada $X(t)$. Mais precisamente, temos:

$$\begin{aligned} \frac{\det\big(X(t)\big)}{dt} &= \det\begin{bmatrix} x'_1(t) & x_2(t) \\ x'_3(t) & x_4(t) \end{bmatrix} + \det\begin{bmatrix} x_1(t) & x'_2(t) \\ x_3(t) & x'_4(t) \end{bmatrix} \\ &= \det\begin{bmatrix} x'_1(t) & x'_2(t) \\ x_3(t) & x_4(t) \end{bmatrix} + \det\begin{bmatrix} x_1(t) & x_2(t) \\ x'_3(t) & x'_4(t) \end{bmatrix}. \end{aligned}$$

Em resumo, podemos dizer que se $X(t)$ é uma matriz $n \times n$ cujas entradas são funções contínuas $x_{ij}(t)$ de uma variável t, então a derivada do seu determinante pode ser expressa como a seguinte:

$$\frac{\det(X(t))}{dt} = \sum_{i=1}^{n} \det(\text{matrizes } C_i(t))$$

onde $C_i(t)$ é a matriz obtida de $X(t)$ cuja i-ésimo coluna é trocada pela derivada daquela coluna. Respectivamente pode expressar a derivada como soma de terminantes cujas linhas são derivadas de linhas de $X(t)$.

(35) Calcule a derivada do determinante da matriz exponencial $\exp(At)$, onde A é uma matriz constante $n \times n$ e t uma variável. Ache uma fórmula para o traço de A.

Solução. Sabemos que $\det(\exp(At)) = \exp\big(tr(At)\big)$.Logo,

$$\frac{\mathrm{d}}{\mathrm{dt}}(\det(\exp(At))) = tr(A)e^{tr(At)}.$$

Em particular, vale a seguinte:

$$tr(A) = \frac{1}{\det(\exp(At))}\frac{d}{dt}(\det(\exp(At)).$$

3.6 A fórmula de integral de Cauchy e o teorema de Cayley-Hamilton

Para funções de uma variável complexa $f: \mathbb{C} \to \mathbb{C}$ analítica num domínio (região) onde a derivada f' é contínua e γ é uma curva suave por partes e fechada, e z_0 um ponto da região tal que $z_0 \notin \gamma$ então vale a seguinte fórmula de integração de Cauchy (veja o livro [Sho uvc]):

$$f(z_0) \cdot I(\gamma; z_0) = \frac{1}{2\pi i}\int_{\gamma} \frac{f(z)}{z - z_0} dz$$

onde $I(\gamma; z_0)$ é o índice de z_0 com respeito a γ. Em particular, quando z_0 é um ponto interior de γ e o índicie $I(\gamma; z_0) = 1$. Então a fórmula precedente pode ser reescrita como:

$$f(z_0) = \frac{1}{2\pi i} \int_\gamma \frac{f(z)}{z - z_0} dz.$$

Agora, suponhamos que A é uma matriz quadrada e consideramos, em vez de número complexo $z - z_0$, a matriz $zI - A$. Neste sentido definimos a integral

$$\frac{1}{2\pi i} \int_\gamma \frac{f(z)}{zI - A} dz = \frac{1}{2\pi i} \int_\gamma (zI - A)^{-1} f(z) dz$$

quando a matriz $zI - A$ é inversível e seus autovalores são restritamente no interior de γ. Chamaremos a integral precedente de *integral de Cauchy matricial*.

(36) Seja $f(z) = z^2 + 1$, $A = \begin{bmatrix} 1/2 & 0 \\ 0 & i/2 \end{bmatrix}$ e γ o círculo unitário. Mostre que o valor da integral de Cauchy matricial para esses dados é exatamente $f(A) = A^2 + I$.

Solução. $\frac{1}{2\pi i} \int_\gamma (zI - A)^{-1} f(z) dz = \frac{1}{2\pi i} \int_{|z|=1} \begin{bmatrix} \frac{z^2+1}{z-\frac{1}{2}} & 0 \\ 0 & \frac{z^2+1}{z-\frac{i}{2}} \end{bmatrix} dz$. Agora, o valor da integral do lado direito é calculado entrada por entrada, lembrando que os autovalores da matriz A são localizados dentro do círculo unitário, com o índice igual a 1 para cada autovalor. Logo, temos que

$$\frac{1}{2\pi i}\int_{|z|=1}\begin{bmatrix}\frac{z^2+1}{z-\frac{1}{2}} & 0\\ 0 & \frac{z^2+1}{z-\frac{i}{2}}\end{bmatrix}dz=\begin{bmatrix}f(\frac{1}{2}) & 0\\ 0 & f(\frac{i}{2})\end{bmatrix}=A^2+I=f(A).$$

(37) Seja γ uma curva suave por partes numa região do plano complexo. Suponhamos que $f(z)$ é uma função analítica nesta região e A uma matriz quadrada onde seus autovalores são localizados dentro da curva γ com índice igual a 1. Mostre que vale a seguinte fórmula de integral de Cauchy matricial:

$$\frac{1}{2\pi i}\int_\gamma (zI-A)^{-1}f(z)dz=\sum_{k=0}^{\infty}\frac{f^k(0)}{k!}A^k.$$

Solução. A referida integral é sobre curva γ e logo $z\neq 0$. Portanto, podemos escrever $zI-A=z\left(I-\frac{A}{z}\right)$. Logo, $(zI-A)^{-1}=\frac{1}{z}\left(I-\frac{A}{z}\right)^{-1}$. Se for precisar podemos escolher o contorno onde $|z|>\|A\|$. Desse jeito a matriz $\left(I-\frac{A}{z}\right)^{-1}$ tem a expansão infinita $\left(I-\frac{A}{z}\right)^{-1}=\sum_{k=0}^{\infty}\frac{A^k}{z^k}$. Portanto,

$$\frac{1}{z}\left(I-\frac{A}{z}\right)^{-1}=\frac{1}{z}\sum_{k=0}^{\infty}\frac{A^k}{z^k}$$

que é convergente normalmente (na norma da matriz). Então,

$$\frac{1}{2\pi i}\int_\gamma (zI-A)^{-1}f(z)dz=$$

$$\frac{1}{2\pi i}\int_\gamma\left(\frac{1}{z}f(z)\sum_{k=0}^{\infty}\frac{A^k}{z^k}\right)dz=\frac{1}{2\pi i}\int_\gamma\left(f(z)\sum_{k=0}^{\infty}\frac{A^k}{z^{k+1}}\right)dz=\frac{1}{2\pi i}\sum_{k=0}^{\infty}A^k\int_\gamma\frac{f(z)}{z^{k+1}}\,dz$$

que pela fórmula de derivada de Cauchy é igual a

$$\frac{1}{2\pi i}\sum_{k=0}^{\infty}A^k(2\pi i)\frac{f^k(0)}{k!}=\sum_{k=0}^{\infty}\frac{f^k(0)}{k!}A^k.$$

Isso prova a fórmula desejada.

Um exemplo de aplicação dessa fórmula é a seguinte representação de função exponencial matricial.

(38) (Representação integral de função exponencial matricial) Seja A uma matriz quadrada. Mostre que $\exp(A) = \frac{1}{2\pi i}\int_{|z|=1}(zI - A)^{-1}e^z dz$.

Solução. Notamos que $f(z) = e^z$ é uma função inteira complexa e podemos utilizar a fórmula de integral desenvolvida no exercício precedente. Logo, temos o resultado desejado, pois $\frac{f^k(0)}{k!} = \frac{1}{k!}$. Então, $\sum_{k=0}^{\infty} \frac{f^k(0)}{k!} A^k = \exp(A)$.

Outra aplicação é a seguinte.

(39) Suponhamos que $f(z)$ é um polinômio, então a fórmula desenvolvida no Exercício 36 implica que $\frac{1}{2\pi i}\int_\gamma (zI - A)^{-1} f(z)dz = f(A)$ como aconteceu no Exercício 36.

Solução. Neste caso se $f(z) = a_n z^n + a_{n-1}z^{n-1} + \cdots + a_1 z + a_0$, então $\sum_{k=0}^{\infty} \frac{f^k(0)}{k!} A^k = a_n A^n + a_{n-1}A^{n-1} + \cdots + a_1 A + a_0 I = f(A)$.

Agora vamos provar o resultado conhecido de que o teorema de Cayley-Hamilton é uma consequência da fórmula de Exercício 37.

(40) Mostre que o teorema de Cayley-Hamilton de álgebra linear é uma consequência do teorema de integral do Cauchy no Exercício 36. Este é o Exercício do artigo de C.A. McCarthy publicado em Amer. Math. Monthly no ano 1975 no volume 82.

Solução. Seja A uma matriz quadrada. Com os dados da referida fórmula, vamos supor que $f(z) = P_A(z) = \det(zI - A)$ o polinômio característico de A. O objetivo é provar que $f(A) = 0$. O lado esquerdo da fórmula da integral de Cauchy neste caso é

$$\frac{1}{2\pi i}\int_{\gamma}(zI-A)^{-1}\det(zI-A)\,dz.$$

Mas, $(zI-A)^{-1}=\frac{1}{\det(zI-A)}adj(zI-A)$, onde $adj(zI-A)$ é a matriz adjunta de $zI-A$ cujas entradas são todas funções inteiras (sem singularidades). Daí,

$$\frac{1}{2\pi i}\int_{\gamma}(zI-A)^{-1}\det(zI-A)\,dz=\frac{1}{2\pi i}\int_{\gamma}adj(zI-A)dz=0.$$

Mas, por outro lado, pelo exercício precedente, a integral precedente é igual a $f(A)$. Isso prova o teorema de Cayley-Hamilton.

Produto de Lie e a fórmula de Glauber

Como foi explicado nos exercícios anteriores, vale o produto $e^{A}e^{B}=e^{A+B}$ quando as matrizes A e B comutam entre si. A comutatividade entre duas matrizes é o mesmo que o produto de Lie delas seja nulo, isto é $[A,B]=0$. O lado esquerdo dessa igualdade como sabemos é $AB-BA$ e essa diferença como em teoria de grupos é chamada *comutador* de A e B.

(41) Suponhamos que A e B são duas matrizes tal que o comutador delas comuta com cada uma, isto é que

$$\big[A,[A,B]\big]=\big[B,[A,B]\big]=0 \qquad (*)$$

Mostre que então vale a seguinte *fórmula de Glauber* utilizando diferenciação.

$$e^{A}e^{B}=e^{A+B}e^{\frac{1}{2}[A,B]}.$$

Solução. Vamos explicar a ideia geral da solução desse exercício. Definimos uma função matricial de uma variável real t pela $G(t)=e^{At}e^{Bt}$. Calculando a sua derivada com respeito de t, ela pode ser reescrita como

$$\frac{dG}{dt} = (A + e^{At}Be^{-At})G(t)$$

Em seguida, pelo fato de que A e B comutam com seu comutador temos que $[e^{At}, B] = t[A, B]e^{At}$, e como consequência

$$\frac{dG}{dt} = (A + B + t[A, B])G(t)$$

Por outro lado, pela nossa suposição, as matrizes $A + B$ e $[A, B]$ comutam entre si. Considerando isso, e integrando a igualdade precedente com respeito de t, de 0 até t, implica em $G(t) = G(0)(e^{(A+B)t+\frac{1}{2}[A,B]t^2})$. Mas, $G(0) = I$, a matriz identidade, e logo $G(t) = e^{(A+B)t+\frac{1}{2}[A,B]t^2}$. E no ponto, $t = 1$, temos que $G(1) = e^A e^B = e^{(A+B)+\frac{1}{2}[A,B]}$.

(42) Desenvolva uns exemplos de caso de matrizes A e B tal que o comutador deles não é 0 , e que elas não comutam com seu comutador. Esses obviamente fornecem exemplos para o exercício precedente na fórmula de Glauber.

Solução. Consideramos a matriz triangular $A = \begin{bmatrix} 1 & 1 \\ 0 & 1 \end{bmatrix}$ e achamos todas as matrizes reais que comutam com ela. A resposta é matrizes triangulares $\begin{bmatrix} a & b \\ 0 & a \end{bmatrix}$. Em particular, queremos escolher uma matriz que não comuta com A, basta escolher as matrizes triangulares inferiores como $B = \begin{bmatrix} a & b \\ 1 & a \end{bmatrix}$. Agora computamos o produto de Lie delas $[A, B] \neq 0$ a matriz identidade. Em seguida temos que $[A, [A, B]] \neq [B, [A, B]] \neq 1$. Logo, num caso especial, as matrizes A e $B = \begin{bmatrix} 1 & 0 \\ 1 & 1 \end{bmatrix}$ são as respostas desejadas.

Capítulo 4

Sistema de Equações Diferenciais Lineares

Neste capítulo os exercícios são de equações diferenciais ordinárias de primeira ordem e particularmente nos sistemas dessas equações. A presença de álgebra linear na resolução de sistemas lineares de equações é por meio da presença de autovalores, autovetores, e os autovetores generalizados de matrizes de coeficientes.

Um sistema de m *equações diferenciais lineares de primeira ordem* e n incógnitas (denotado por nós como SED), é um sistema a seguir:

$$\begin{cases} \frac{dx_1(t)}{dt} = a_{11}(t)x_1(t) + \cdots + a_{1n}(t)x_n(t) + b_1(t) \\ \frac{dx_2(t)}{dt} = a_{21}(t)x_1(t) + \cdots + a_{2n}(t)x_n(t) + b_2(t) \\ \quad \vdots \cdots \\ \frac{dx_m(t)}{dt} = a_{m1}(t)x_1(t) + \cdots + a_{mn}(t)x_m(t) + b_m(t) \end{cases} \tag{4.1}$$

É um sistema linear de equações diferenciais da primeira ordem. As funções $a_{ij}(t)$ de uma variável real t são chamadas de *coeficientes do sistema*, as *incógnitas do sistema* são funções $x_i(t)$, e as funções $b_i(t)$ são *funções dadas do sistema*, para todo $i = 1, 2, \cdots, m$ e todo $j = 1, 2, \cdots, n$. Quando para todo $i = 1, 2, \cdots, m$ as funções $b_i(t) = 0$ o sistema (4.1) é chamado *sistema homogêneo de equações diferenciais lineares*, Abreviando o sistema como (SHED).

(1) Reescreva o sistema (4.1) na forma matricial.

Solução. Seja $x'(t) = \begin{bmatrix} x'_1(t) \\ x'_2(t) \\ \vdots \\ x'_m(t) \end{bmatrix}$ o vetor coluna que representa o lado esquerdo do sistema precedente, e o lado direito do sistema consiste de produto da seguinte matriz e a coluna das incógnitas, somando com a coluna dos dados:

$$A(t) = \begin{bmatrix} a_{11}(t) & a_{12}(t) & \cdots & a_{1n}(t) \\ a_{21}(t) & a_{22}(t) & \cdots & a_{2n}(t) \\ \vdots & \vdots & \vdots & \vdots \\ a_{n1}(t) & a_{n2}(t) & \cdots & a_{mn}(t) \end{bmatrix}, x(t) = \begin{bmatrix} x_1(t) \\ x_2(t) \\ \vdots \\ x_m(t) \end{bmatrix},$$

$$b(t) = \begin{bmatrix} b_1(t) \\ b_2(t) \\ \vdots \\ b_m(t) \end{bmatrix}.$$

Com esses dados, o referido sistema pode ser representado como:

$$x'(t) = A(t)x(t) + b(t). \tag{4.2}$$

Quando $m = n$ o sistema SED é chamado de *sistema quadrado*. Quando $b(t) = 0$ o resultado é um sistema homogêneo e ele é chamado de *sistema homogêneo correspondente* ao sistema (4.2). Um SED é um *sistema real* quando a sua matriz de coeficientes é real, ela é um *sistema complexo* quando a sua matriz de coeficientes é complexa.

Ainda assim, podem ser definidos também sistemas que não são reais nem complexos, podem ser sobre outros corpos ou anéis de divisões como os quatérnios.

4.1 Os autovalores, os autovetores e soluções fundamentais de SED

Num SED ou num SHED as soluções fundamentais têm um papel central, elas formam uma base para o espaço das soluções.

Um SED quadrado como em (4.2) tem soluções chamadas *soluções fundamentais*, elas são expressas como produto de $e^{\lambda t}v_\lambda$, onde λ é um autovalor de A quando ela é uma matriz constante, e v_λ é seu autovetor associado. Neste caso a solução geral é uma combinação linear das soluções fundamentais.

(2) Resolva o sistema homogêneo $x'(t) = A(t)x(t)$ onde a matriz dos coeficientes é $A = A(t) = \begin{bmatrix} 9 & -5 & 2 \\ 8 & -4 & 2 \\ -4 & 3 & 1 \end{bmatrix}$.

Solução. O polinômio característico dessa matriz é

$$\begin{aligned} P_A(x) &= \det(xI - A) \\ &= (x-9)(x^2+3x-10) - 5(-8(x-1)+8) - 2(8-4x) \\ &= x^3 - 6x^2 + 11x - 6 \end{aligned}$$

cujas raízes são os autovalores de A e são $\lambda_1 = 1, \lambda_2 = 2$ e $\lambda_3 = 3$. Os autovetores correspondentes são respectivamente $v_1 = \begin{bmatrix} 3 \\ 4 \\ -2 \end{bmatrix}, v_2 = \begin{bmatrix} -1 \\ -1 \\ 1 \end{bmatrix}$, e $v_3 = \begin{bmatrix} 2 \\ 2 \\ -1 \end{bmatrix}$. Logo as *soluções fundamentais* são os vetores: $v_1(t) = e^t v_1, v_2(t) = e^{2t}v_2$ e $v_3(t) = e^{3t}v_3$. De fato elas são linearmente independentes, pois o determinante da matriz das soluções que é $\det[v_1(t)\ \ v_2(t)\ \ v_3(t)] = det\begin{bmatrix} 3e^t & -e^{2t} & 2e^{3t} \\ 4e^t & -e^{2t} & 2e^{3t} \\ -2e^t & e^{2t} & -e^{3t} \end{bmatrix} = 3e^{6t}$ é não nulo para toda variável real t. Logo, a solução geral sem valor inicial é

$$x(t) = c_1v_1(t) + c_2v_2(t) + c_3v_3(t) \tag{4.3}$$

para todo número constante c_1, c_2, c_3. Daí, a solução geral é o vetor:

$$x(t)=\begin{bmatrix}x_1(t)\\x_2(t)\\\vdots\\x_n(t)\end{bmatrix}=c_1\begin{bmatrix}3e^t\\4e^t\\-2e^t\end{bmatrix}+c_2\begin{bmatrix}-e^{2t}\\-e^{2t}\\e^{2t}\end{bmatrix}+c_3\begin{bmatrix}2e^{3t}\\2e^{3t}\\-e^{3t}\end{bmatrix}. \tag{4.4}$$

A nossa resposta deve ser interpretada da seguinte forma, sabemos que a soma do lado direito de $x(t)$ e o próprio $x(t)$ é um vetor. Este vetor que é da solução, tem como suas entradas as funções:

$$x_1(t)=3\,c_1e^t-c_2e^{2t}+2\,c_3e^{3t};$$

$$x_2(t)=4\,c_1e^t-c_2e^{2t}+2\,c_3e^{3t};$$

$$x_3(t)=-2\,c_1e^t+c_2e^{2t}-\ c_3e^{3t}.$$

Em outras palavras, essas funções e suas derivadas satisfazem o referido sistema:

$$\begin{cases}x'_1(t)=9x_1(t)-5x_2(t)+2x_3(t)\\x'_2(t)=8x_1(t)-4x_2(t)+2x_3(t).\\x'_3(t)=-4x_1(t)+3x_2(t)+x_3(t)\end{cases}$$

(3) (A matriz fundamental e a representação matricial das soluções) No exercício precedente ache uma maneira de representar as soluções por meio de matrizes e a matriz diagonalizadora.

Solução. Vamos inicialmente definir a *matriz fundamental das soluções* denotada $X(t)$ como a seguinte matriz cujas colunas são os vetores das soluções $v_i(t)$ para $i=1,2,\cdots,n$. Então:

$$X(t)=[v_1(t)\ v_2(t)\ \cdots\ v_n(t)].$$

Assim, podemos escrever

$$[v_1(t)\ v_2(t)\ \cdots\ v_n(t)]=[v_1\quad v_2\quad v_3]\begin{bmatrix}e^{\lambda_1t}&0&0\\0&e^{\lambda_2t}&0\\0&0&e^{\lambda_3t}\end{bmatrix}$$

onde, λ_1, λ_2 e λ_3 são autovalores e v_1, v_2 e v_3 são autovetores de A. Obviamente, no exercício precedente à matriz dos coeficientes do sistema é diagonalizável, mas isso não é sempre o caso. Em geral como veremos nos outros exercícios. Por outro lado, a igualdade precedente ainda pode ser reescrita na seguinte forma:

$$X(t) = S\exp(Dt)$$

onde, S é a matriz diagonalizadora cujas colunas são os autovetores de A e, D é a forma diagonal da matriz A, isto é $S^{-1}AS = D$.

(4) (Um caso de autovalor múltiplo) Considere o SHED dado pela $x'(t) = A(t)x(t)$ onde $A = A(t) = \begin{bmatrix} 0 & 2 & -3 \\ -2 & 4 & -3 \\ -4 & 2 & -1 \end{bmatrix}$. Ache a solução geral desse sistema.

Solução. A matriz A é uma matriz com autovalores múltiplos onde eles são $\lambda_1 = -1, \lambda_2 = \lambda_3 = 2$. Para o autovalor λ_1 o autovetor correspondente é $v_1 = \begin{bmatrix} 1 \\ 1 \\ 1 \end{bmatrix}$. Se $\begin{bmatrix} a \\ b \\ c \end{bmatrix}$ é um autovetor geral para autovalor $\lambda_2 = \lambda_3$, então as suas entradas satisfazem a relação $2a - 2b + 3c = 0$. Portanto, todos os vetores $\begin{bmatrix} a \\ b \\ c \end{bmatrix}$ com essa relação geram um espaço vetorial de dimensão dois. Logo, podemos encontrar dois autovetores linearmente independentes, como $v_2 = \begin{bmatrix} 1 \\ 1 \\ 0 \end{bmatrix}$ e $v_3 = \begin{bmatrix} 3 \\ 0 \\ -2 \end{bmatrix}$. Daí, em primeiro lugar, as soluções fundamentais são linearmente independentes, pois existem três autovetores linearmente independentes, e em segundo lugar elas são $v_1(t) = e^{-t}\begin{bmatrix} 1 \\ 1 \\ 1 \end{bmatrix}, v_2(t) = e^{2t}\begin{bmatrix} 1 \\ 1 \\ 0 \end{bmatrix}$ e $v_3(t) = e^{2t}\begin{bmatrix} 3 \\ 0 \\ -2 \end{bmatrix}$. A solução geral é $x(t) = c_1v_1(t) + c_2v_2(t) + c_3v_3(t)$ para todos os números constantes c_1, c_2 e c_3.

(5) Mostre que as soluções de um SHED formam um espaço vetorial. Qual é a dimensão desse espaço vetorial?

Solução. Se $u(t)$ e $w(t)$ são dois vetores que são solução de um SHED como $x'(t) = A(t)x(t)$, então valem $u'(t) = A(t)u(t)$, $w'(t) = A(t)w(t)$. Logo, $\big(u(t) + w(t)\big)' = u'(t) + w'(t) = A(t)(u(t) + w(t))$. Isso mostra que a soma $u(t) + w(t)$ também é uma solução. Por outro lado, se a é um número real, então $au(t)$ também é solução. Logo, o conjunto das soluções forma um espaço vetorial (neste caso real). A dimensão como os exercícios precedentes mostram é igual o número das soluções fundamentais (que são de fato linearmente independentes).

(6) Mostre que todas as soluções do sistema (4.2) são soma (como soma de vetores) de uma solução dela e uma solução do sistema homogêneo correspondente.

Solução. Seja $u(t)$ uma solução do sistema (4.2) não homogêneo e $w(t)$ uma solução do sistema homogêneo correspondente. Logo, temos que verificar se $u(t) + w(t)$ é uma solução de (4.2). Temos que checar se $\big(u(t) + w(t)\big)' = A(t)\big(u(t) + w(t)\big) + b(t)$. Mas, $u'(t) = A(t)u(t)$ e $w'(t) = A(t)w(t) + b(t)$. Isso nos direciona ao resultado desejado.

4.2 Alguns sistemas especiais

Não existe uma definição formal para sistemas especiais, mas nesta parte são considerados alguns sistemas cujas matrizes de coeficientes são especiais no sentido de que são caracterizadas por certas propriedades.

(7) (O sistema inverso) Seja $x'(t) = A(t)x(t)$ um SHED onde a matriz de coeficientes $A(t)$ é inversível. Qual é a relação entre as soluções desse SHED e as soluções do *SHED inverso* $x'(t) = A(t)^{-1}x(t)$?

Solução. Suponhamos que as soluções fundamentais de $x'(t) = A(t)x(t)$ sejam $v_1(t) = e^{\lambda_1 t}v_1, \cdots v_n(t) = e^{\lambda_n t}v_n$. Notamos que sendo $A(t)$ uma matriz inversível ela não possui autovalores nulos e que os autovalores da matriz inversa $A(t)^{-1}$ são inversos de autovalores de $A(t)$, por outro lado, os autovetores de $A(t)^{-1}$ são os mesmos que de $A(t)$. Logo, as soluções de $x'(t) = A(t)^{-1}x(t)$ são $v_1(t) = e^{1/\lambda_1 t}v_1, \cdots v_n(t) = e^{1/\lambda_n t}v_n$.

(8) Baseado na solução do exercício anterior ache as soluções do sistema inverso do $x'(t) = \begin{bmatrix} 9 & -5 & 2 \\ 8 & -4 & 2 \\ -4 & 3 & 1 \end{bmatrix} x(t)$.

Solução. Este é o SHED do Exercício 2. Seja $A = \begin{bmatrix} 9 & -5 & 2 \\ 8 & -4 & 2 \\ -4 & 3 & 1 \end{bmatrix}$ o sistema inverso correspondente é $x'(t) = A^{-1}x(t)$. Temos que a matriz inversa $A^{-1} = \begin{bmatrix} -5/9 & 11/6 & -1/3 \\ -8/3 & 17/6 & -1/3 \\ 4/3 & -7/6 & 2/3 \end{bmatrix}$. Os autovalores de A^{-1} são os inversos de autovalores de A e são $1, 1/2, 1/3$. Os autovetores correspondentes são os mesmos de A e são $w_1 = \begin{bmatrix} 3 \\ 4 \\ -2 \end{bmatrix}, w_2 = \begin{bmatrix} -1 \\ -1 \\ 1 \end{bmatrix}, w_3 = \begin{bmatrix} 2 \\ 2 \\ -1 \end{bmatrix}$ respectivamente. Logo as soluções do sistema inverso são $w_1(t) = e^t w_1, w_2(t) = e^{t/2}w_{2,}\ w_3(t) = e^{t/3}w_3$.

(9) (O sistema transposta) Seja $x'(t) = A(t)x(t)$ um SHED. Considere um SHED onde a matriz de coeficientes é transposta de $A(t)$. Chamaremos o SHED $x'(s) = {}^tA(s)x(s)$ de *sistema transposta*. Qual é a relação entre as soluções de um SHED e sua transposta. Mostre que em certos casos as soluções de um SHED e sua transposta são perpendiculares.

Solução. Obviamente os autovalores de uma matriz e sua transposta são os mesmos. Então a pergunta básica é qual é a relação entre autovetores de uma matriz e os autovetores da sua transposta. Pode se provar que quando uma matriz possui autovalores distintos então os autovetores dela e autovetores da sua transposta são perpendiculares com respeito ao produto interno canônico. Para provar, seja A uma matriz e ${}^tA$ sua transposta.

Sejam v_i os autovetores de A e w_j os autovetores de ${}^tA$, considerados como vetor coluna. Então:

$$\lambda_j\ {}^tw_j\, v_i = (\ {}^tw_j\, A)v_i = \ {}^tw_j(Av_i) = \lambda_i\ {}^tw_j\, v_i.$$

Daí, $(\lambda_j - \lambda_i)\ {}^tw_j\, v_i = 0$. Portanto, quando $\lambda_j \neq \lambda_i$, o produto interno $v_i \cdot w_j = 0$. Em particular, neste caso, as soluções fundamentais são perpendiculares.

(10) Faça os detalhes dos cálculos do exercício precedente para a matriz e sistema do Exercício 2.

Solução. Com os dados do Exercício 2 temos que ${}^tA = \begin{bmatrix} 9 & 8 & -4 \\ -5 & -4 & 3 \\ 2 & 2 & 1 \end{bmatrix}$. Os autovetores dessa matriz são $w_1 = \begin{bmatrix} 1 \\ -1 \\ 0 \end{bmatrix}$, $w_2 = \begin{bmatrix} 0 \\ 1 \\ 2 \end{bmatrix}$ e $w_3 = \begin{bmatrix} -2 \\ 1 \\ -1 \end{bmatrix}$. Por outro lado, temos que $w_1 \cdot v_2 = w_3 \cdot v_1 = w_2 \cdot v_3 = 0$, onde v_1, v_2, v_3 são autovetores da matriz A. Logo, a solução fundamental $v_1(t)$ do sistema SHED com a matriz dos coeficientes A é perpendicular com a solução fundamental $w_3(t)$ do sistema transposta correspondente, e também $v_2(t)$ é perpendicular a $w_1(t)$, e $v_3(t)$ é perpendicular a $w_2(t)$.

(11) Por meio de um exemplo, mostre que a condição de que autovalores devem ser distintos, para perpendicularidade de autovetores de uma matriz e sua transposta não é necessária.

Solução. Considere a matriz $A = \begin{bmatrix} 1 & 2 \\ 0 & 1 \end{bmatrix}$. Os autovalores de A são iguais e são $\lambda_1 = \lambda_2 = 1$. O autovetor correspondente é $v_1 = v_2 = \begin{bmatrix} 1 \\ 0 \end{bmatrix}$. A transposta dessa matriz é ${}^tA = \begin{bmatrix} 1 & 0 \\ 2 & 1 \end{bmatrix}$ cujos autovetores são $w_1 = w_2 = \begin{bmatrix} 0 \\ 1 \end{bmatrix}$. Obviamente, $v_i \cdot w_j = 0$.

(12) (O sistema simétrico, antissimétrico real) Um SED cuja matriz de coeficientes é simétrica real é dito *sistema simétrico real*, quando a matriz de coeficientes é antissimétrica ele é dito *sistema antissimétrico real.*

Mostre que as soluções fundamentais de um SHED simétrico real são todas reais.

Mostre que as soluções fundamentais de um SHED antissimétrico real são puramente complexas.

Solução. Os autovalores de uma matriz real simétrica são reais, e então também seus autovetores. Para provar que os autovalores são reais suponhamos que A seja uma matriz real simétrica. Seja λ um autovalor de A e v seu autovetor associado. Logo, $Av = \lambda v$. Computando as transpostas conjugadas de ambos os lados temos que ${}^t\overline{v}\ {}^t\overline{A} = {}^t\overline{v}\overline{\lambda}$. Mas, ${}^t\overline{A} = A$. Logo, ${}^t\overline{v}A = {}^t\overline{v}\overline{\lambda}$. Multiplicando ambos os lados da igualdade do lado direito por v e sabendo que autovetores são pela definição não nula, temos que ${}^t\overline{v}Av = {}^t\overline{v}\overline{\lambda}v$. Portanto, ${}^t\overline{v}\lambda v = {}^t\overline{v}\overline{\lambda}v$. Daí, ${}^t\overline{v}v(\lambda - \overline{\lambda}) = 0$. Logo, $\lambda = \overline{\lambda}$. Isso prova que os autovalores são reais. Sendo A também real, então, seus autovetores também são reais.

No caso de sistemas antissimétricos a ideia é a mesma. Se A é uma matriz antissimétrica real então ${}^tA = -A$. Logo, com as mesmas computações precedentes temos que $-\ {}^t\overline{v}\lambda v = {}^t\overline{v}\overline{\lambda}v$. Daí, $-\lambda = \overline{\lambda}$. Isso mostra que a parte real de autovalor λ de A é nula. Portanto, os autovalores de matrizes reais antissimétricas são puramente complexos (um número complexo é dito *número puramente complexo* quando sua parte real é nula). Os autovetores também são puramente complexos, pois a matriz é real.

(13) (Os sistemas hermitiana e anti-hermitiana) Quando se estuda um sistema complexo (o mesmo que a sua matriz dos coeficientes seja complexa) um caso importante é quando a matriz dos coeficientes do sistema é hermitiana. Relembramos que uma matriz A é hermitiana (respectivamente, anti-hermitiana) quando ${}^{t}\overline{A} = A$ (respectivamente, ${}^{t}\overline{A} = -A$). Para uma matriz hermitiana sabemos que seus autovalores são reais, mas se ela tiver entradas números complexos, seus autovetores serão complexos.

Mostre que as entradas de diagonal de todas as matrizes antihermitiana são puramente complexas. Mostre que os autovalores de matrizes hermitianas são puramente complexos.

Solução. Se A é uma matriz anti-hermitiana e se $a + bi$ é um das suas entradas de diagonal então pela definição de que ${}^{t}\overline{A} = -A$, temos que $\overline{a + bi} = -(a + bi)$. Logo, $a - bi = -a - bi$ e isso implica que a parte real $a = 0$.

Se λ é um autovalor de A, após transposta conjugada temos que ${}^{t}\overline{v}\ {}^{t}\overline{A} = {}^{t}\overline{v}\overline{\lambda}$. Utilizando a definição de matriz antihermitiana temos, $-\ {}^{t}\overline{v}A = {}^{t}\overline{v}\overline{\lambda}$. Multiplicando de direita esta igualdade por v, notando que ele é um vetor coluna não nula, temos que $-\overline{\lambda} = \lambda$. Agora, isso mostra que λ é puramente complexo.

(14) Resolva o sistema anti-hermitiana $x'(t) = A(t)x(t)$, onde $A = A(t) = \begin{bmatrix} 2i & 1 \\ -1 & -i \end{bmatrix}$ com uso de autovalores e autovetores.

Solução. O polinômio característico de A é $P_A(x) = x^2 - ix + 3$. A equação $P_A(x) = 0$ pode ser resolvida de várias maneiras, e as respostas são $\lambda_1 = \frac{i}{2}\left(1 + \sqrt{13}\right)$ e $\lambda_2 = \frac{i}{2}(1 - \sqrt{13})$. Para estes autovalores os respectivos autovetores são $v_1 = \begin{bmatrix} i(\frac{\sqrt{13}}{2} - \frac{3}{2}) \\ 1 \end{bmatrix}$ e $v_2 = \begin{bmatrix} i(-\frac{\sqrt{13}}{2} - \frac{3}{2}) \\ 1 \end{bmatrix}$. Portanto, as soluções fundamentais do sistema são $v_1(t) = e^{\lambda_1 t}v_1$ e $v_2(t) = e^{\lambda_2 t}v_2$. Esses vetores podem ser representados pelas funções trigonométricas seno e cosseno, pois se $\alpha = \frac{(1+\sqrt{13})}{2}$, e $\beta = \frac{(1-\sqrt{13})}{2}$, então

$e^{\lambda_1 t} = e^{\alpha t i}$ e $e^{\beta t i}$. Elas são de fato $\cos(\alpha t) + i\text{sen}\,(\alpha t)$ e $\cos(\beta t) + i\text{sen}\,(\beta t)$ respectivamente.

(15) (Converter a equação de segunda ordem para um SED) Resolva a equação da segunda ordem $\frac{d^2y}{dt^2} + a\frac{dy}{dt} + by = 0$, onde $a \neq 0$ é um número real, por meio de um SED.

Solução. Para converter a referida equação de ordem dois num SED definimos o seguinte sistema:

$$\begin{cases} x_1(t) = y(t) \\ x_2(t) = y'(t) \\ x_3(t) = y''(t) \end{cases}$$

Logo, $x_3(t) = y''(t) = -ay'(t) - by(t) = -ax_2(t) - bx_1(t)$. Agora, consideramos a matriz dos coeficientes. Ela é $A = \begin{bmatrix} 0 & 1 \\ -b & -a \end{bmatrix}$. Seus autovalores e autovetores podem ser calculados, e suponhamos que eles são respectivamente λ_1, λ_2, e v_1, v_2. Daí, as soluções fundamentais são $v_1(t) = e^{\lambda_1 t}v_1, v_2(t) = e^{\lambda_2 t}v_2$. A solução geral é $c_1v_1(t) + c_2v_2(t)$ e pode ser reescrita como um vetor coluna. Notamos que a segunda linha deste vetor é exatamente $x_2(t)$ que é de fato a derivada da primeira entrada que é $x_1(t)$.

(16) Por meio da solução do exercício precedente, resolva a equação diferencial da segunda ordem $y'' - 3y' + 2y = 0$.

Solução. Como na solução do exercício precedente, aqui a matriz dos coeficientes $A = \begin{bmatrix} 0 & 1 \\ -2 & 3 \end{bmatrix}$. Seus autovalores são $\lambda_1 = 1, \lambda_2 = 2$. Para estes, os autovetores correspondentes são $v_1 = \begin{bmatrix} 1 \\ 1 \end{bmatrix}, v_2 = \begin{bmatrix} 1 \\ 2 \end{bmatrix}$. Logo, as soluções fundamentais são $v_1(t) = e^t\begin{bmatrix} 1 \\ 1 \end{bmatrix}$, $v_2 = e^{2t}\begin{bmatrix} 1 \\ 2 \end{bmatrix}$. Portanto, a solução geral do sistema é $c_1v_1(t) + c_2v_2(t) = \begin{bmatrix} c_1e^t + c_2e^{2t} \\ c_1e^t + 2\,c_2e^{2t} \end{bmatrix} = \begin{bmatrix} x_1(t) \\ x_2(t) \end{bmatrix}$, e como foi explicado na solução do exercício precedente, temos a $x_2(t) = x'_1(t)$.

Podemos mostrar que de fato $x_1(t)$ satisfaz a referida equação da segunda ordem, colocando $y = x_1(t)$, calculando suas derivadas da primeira e da segunda ordem e substituindo na equação diferencial dada.

(17) Pode se achar um modo geral de converter uma equação diferencial linear de ordem n num SED de n equações e n incógnitas?

Solução. Basta observar a solução de dois exercícios anteriores.

4.3 O operador diferencial D

Seja L um intervalo no $\mathbb{R}$ e $C^n(L)$ o espaço vetorial real das funções deriváveis de até ordem n que estão contínuas neste intervalo. Seja $C^0(L)$ o conjunto de funções constantes neste intervalo. Então, definimos o *operador diferencial* D como a seguinte função:

$$D: C^1(L) \to C^0(F) \text{ pela } Df = f'$$

associando a cada função sua derivada de modo que $Df(x) = f'(x)$ para todo $x \in L$.

E em geral, definimos:

$$D^n: C^n(L) \to C^0(F) \text{ pela } D^n f = D(D^{n-1}f)$$

portanto, $D^n f = f^{(n)}$ que é a n-ésimo derivada da função f.

Esta definição pode ser estendida linearmente a um conjunto de $n + 1$ função contínua $g_0, g_1, \cdots, g_n$ no intervalo L da seguinte forma:

A estas associamos o operador *diferencial linear de ordem* n-denotado L pelo:

$$L = g_n D^n + g_{n-1} D^{n-1} + \cdots + g_1 D + g_0$$

de modo que ela aja sobre qualquer função $f \in C^n(L)$ pela:

$$Lf = g_n f^{(n)} + g_{n-1} f^{(n-1)} + \cdots + g_1 f' + g_0 f$$

A seguir, definiremos o operador diferencial polinomial.

Sejam $a_0, a_1, \cdots, a_n$ números reais. A estes é associado um *operador diferencial polinomial* $P(D)$ de ordem n na seguinte forma:

$$P(D) = a_n D^n + a_{n-1} D^{n-1} + \cdots + a_1 D + a_0.$$

(18) Para $n = 2,\ a_2 = 1, a_1 = -1, a_0 = 0$ e $f(x) = \text{sen}(x)$ ache $P(D)(f)$.

Solução. Temos que $P(D)(\text{sen}(x)) = D^2(\text{sen}(x)) - D(\text{sen}(x)) = -\text{sen}(x) - \cos(x)$.

(19) Ache a matriz de $P(D)$ para $n = 2$ na base padrão de espaço vetorial dos polinômios de grau no máximo 2.

Solução. O espaço vetorial dos polinômios de grau no máximo 2 é de dimensão 3 e tem como base padrão os polinômios do conjunto $B = \{1, x, x^2\}$. Portanto, relembrando que para $n = 2$ temos $P(D) = a_2 D^2 + a_1 D + a_0$, então $P(D)(1) = a_0, P(D)(x) = a_1 + a_0 x, P(D)x^2 = 2a_2 + 2a_1 x + a_0 x^2$. Daí,

$$P(D)(1) = a_0 1 + 0x + 0x^2, P(D)(x) = a_1 1 + a_0 x + 0x^2, P(D)(x^2) \\ = 2a_2 1 + 2a_1 x + a_0 x^2.$$

Portanto, a referida matriz é:

$$A = \begin{bmatrix} a_0 & a_1 & 2a_2 \\ 0 & a_0 & 2a_1 \\ 0 & 0 & a_0 \end{bmatrix}$$

no sentido de que $[1\ \ x\ \ x^2]A = {}^t[P(D)(1)\ \ P(D)(x)\ \ P(D)(x^2)]$.

(20) (Aplicação de operador diferencial *D* na resolução de SED) Resolve o seguinte sistema utilizando o operador D.

$$\begin{cases} x'_1(t) = x_1(t) + 3x_2(t) \\ x'_2(t) = 2x_1(t) - 3x_2(t) \end{cases}.$$

Solução. Reescrevemos o sistema como o seguinte:

$$\begin{cases} x'_1(t) - x_1(t) - 3x_2(t) = 0 \\ x'_2(t) - 2x_1(t) + 3x_2(t) = 0 \end{cases}.$$

Utilizando o operador diferencial D podemos reescrever o sistema precedente como:

$$\begin{cases} (D-1)x_1(t) - 3x_2(t) = 0 \\ (D+3)x_2(t) - 2x_1(t) = 0 \end{cases}.$$

Queremos eliminar a função $x_2(t)$ entre as equações. Para isso precisamos utilizar o operador D de novo aplicando o operador $D+3$ a primeira equação. Isso nos dará:

$$\begin{cases} (D+3)(D-1)x_1(t) - 3(D+3)x_2(t) = 0 \\ \qquad (D+3)x_2(t) - 2x_1(t) = 0 \end{cases}.$$

Após multiplicar a segunda equação por 3 e somar com a primeira, teremos $(D+3)(D-1)x_1(t) - 6x_1(t) = 0$. Logo,

$$.(D^2 + 2D - 9)x_1(t) = 0.$$

O *polinômio auxiliar* dessa equação diferencial é $r^2 + 2r - 9$, e possui duas raízes reais, chamaremos as de α e β. Então,

$$x_1(t) = c_1 e^{\alpha t} + c_2 e^{\beta t}$$

para algumas constantes c_1 e c_2. Para computar $x_2(t)$, utilizamos a primeira equação do sistema anterior, que nos dará $x_2(t) = \frac{1}{3}(D-1)x_1(t)$. Logo,

$$x_2(t) = \frac{1}{3}\left((\alpha-1)c_1e^{\alpha t} + (\beta-1)c_2e^{\beta t}\right).$$

4.4 Os autovetores generalizados e aplicações

Seja A uma matriz $n \times n$ e λ um autovetor de A. Os autovetores generalizados aparecem tanto com a multiplicidade de um autovalor como raiz de polinômio característico é maior que 1. Notamos que pela definição a *multiplicidade algébrica* de λ é a sua multiplicidade como raiz do polinômio característico de A. Por outro lado, os autovalores também possuem outra multiplicidade. A *multiplicidade geométrica* de um autovalor λ é a dimensão da nulidade do operador $A - \lambda I$. Mais precisamente, ela é a dimensão do espaço:

$$N(A-\lambda I) = \{v \in \mathbb{C}^n | (A-\lambda I)v = 0\}.$$

Isso é o mesmo que autoespaço de λ.

Suponhamos que a multiplicidade algébrica de λ seja maior do que a sua multiplicidade geométrica. Neste caso, a matriz A não é diagonalizável. É neste sentido que o conceito do autovetor generalizado aparece. Mais precisamente:

Definição 1. Dizemos que w é um *autovetor generalizado* de posto (ou nível) $k \geq 1$ para um autovalor λ de A, quando $w \neq 0$ e tal que :

$$(A-\lambda I)^k w = 0, \text{ e para todo } s < k \text{ vale } (A-\lambda I)^s w \neq 0.$$

Na prática, k é a multiplicidade algébrica de λ e para computar os autovetores generalizados de um autovalor λ_1, primeiro computamos seu autovetor associado v_1 sabemos que ele é não nulo. Utilizamos este no lado direito da segunda desigualdade. Neste caso resolvemos a equação

$$(A - \lambda I)w_1 = v_1$$

Em seguida, utilizamos w_1 para achar w_2 e resolvemos:

$$(A - \lambda I)w_2 = w_1$$

e assim, até

$$(A - \lambda I)w_{k-1} = w_{k-2}.$$

Agora, os vetores $\{v_1, w_1, w_2, \cdots, w_{k-1}\}$ são linearmente independentes e formam uma base para $\mathbb{C}^n$.

(21) Mostre que todo autovetor é um autovetor generalizado.

Solução. Para $k = 1$ e $s = 0$ temos que w é um autovetor no sentido usual.

(22) Sabemos que para qualquer número $a \neq 0$ a matriz $A = \begin{bmatrix} 1 & a \\ 0 & 1 \end{bmatrix}$ não é diagonalizável. Mostre que de fato a multiplicidade geométrica de autovalor $\lambda = 1$ é maior que a sua multiplicidade algébrica. Ache o autovetor generalizado.

Solução. A multiplicidade algébrica de λ é 2. Vamos calcular sua multiplicidade geométrica. Temos que $A - \lambda I = A - I = \begin{bmatrix} 0 & a \\ 0 & 0 \end{bmatrix}$ e que o núcleo $N(A - \lambda I) = \{\begin{bmatrix} x \\ 0 \end{bmatrix} : x \in \mathbb{R}\}$ cuja dimensão é obviamente 1. Para achar o autovetor generalizado considere a equação $(A - \lambda I)w = v$, onde v é um autovetor de $\lambda = 1$. Esse autovetor poderia ser $v = \begin{bmatrix} 1 \\ 0 \end{bmatrix}$. Logo, temos que resolver:

$$\begin{bmatrix} 1 & a \\ 0 & 1 \end{bmatrix} \begin{bmatrix} x \\ y \end{bmatrix} = \begin{bmatrix} 1 \\ 0 \end{bmatrix}.$$

A solução é $w = \begin{bmatrix} 1 \\ 1/a \end{bmatrix}$. E isso é o autovetor generalizado e o conjunto $\{v, w\}$ é linearmente independente.

4.5 A forma canônica de Jordan

No exercício a seguir veremos uma aplicação de autovetores generalizados para construção de *forma canônica de Jordan* de matrizes.

(23) Mostre que com os dados do exercício anterior, a matriz A é semelhante com a matriz $\begin{bmatrix}1 & 1\\0 & 1\end{bmatrix}$.

Solução. O conjunto de autovetores e os autovetores generalizados formam uma base para espaço $\mathbb{C}^n$. Portanto, o conjunto $\{v, w\} = \left\{\begin{bmatrix}1\\0\end{bmatrix}, \begin{bmatrix}1\\1/a\end{bmatrix}\right\}$ forma uma base para $\mathbb{C}^2$. A matriz $S = \begin{bmatrix}1 & 1\\0 & 1/a\end{bmatrix}$ cujas colunas são os autovetores e os generalizados é a matriz similadora. Em outras palavras, $S^{-1}AS = \begin{bmatrix}1 & 1\\0 & 1\end{bmatrix}$ é a forma canônica desejada.

Como o exercício precedente mostra uma das aplicações de autovetores generalizados é na transformar uma matriz na sua forma canônica de Jordan quando ela é triangular. Mas, sabemos que toda matriz é semelhante com uma matriz triangular (digamos triangular superior), e logo por meio de autovetores e autovetores generalizados podemos transformar esta matriz triangular na sua forma canônica de Jordan.

(24) Seja $A = \begin{bmatrix}\lambda & a & b\\0 & \lambda & c\\0 & 0 & \lambda\end{bmatrix}$. Ache a forma canônica de Jordan de matriz A utilizando autovetor generalizado.

Solução. O único autovalor de A é λ e o seu autovetor associado é $v_1 = \begin{bmatrix}1\\0\\0\end{bmatrix}$. Calculamos o autovetor generalizado w_1 resolvendo a equação $(A - \lambda I)w_1 = v_1$. Isso nos dará $\begin{bmatrix}ay - bz\\cz\\0\end{bmatrix} = \begin{bmatrix}1\\0\\0\end{bmatrix}$. Logo, $w_1 = \begin{bmatrix}x\\y\\z\end{bmatrix} = \begin{bmatrix}0\\1/a\\0\end{bmatrix}$ onde estamos supondo que $a \neq 0$. Agora, para computar o segundo autovetor generalizado resolvemos a equação $(A - \lambda I)w_2 = w_1$, cuja resposta é $w_2 = \begin{bmatrix} 0 \\ -\frac{1}{a^2c} \\ \frac{1}{ac} \end{bmatrix}$ onde estamos supondo que $c \neq 0$ também. A matriz similadora para transformar A na sua forma canônica de Jordan é a matriz $S = \begin{bmatrix} 1 & 0 & 0 \\ 0 & \frac{1}{a} & -\frac{b}{a^2c} \\ 0 & 0 & \frac{1}{ac} \end{bmatrix}$ cujas colunas são o autovetor e seus autovetores generalizados. Temos agora que $S^{-1}AS = \begin{bmatrix} \lambda & 1 & 0 \\ 0 & \lambda & 1 \\ 0 & 0 & \lambda \end{bmatrix}$ formada somente por um bloco de Jordan.

(25) Por meio de multiplicidades de autovalores mostre que a matriz $A = \begin{bmatrix} 0 & 1 \\ 1 & 0 \end{bmatrix}$ é diagonalizável.

Solução. Os autovalores de A são ± 1. Obviamente esta matriz é diagonalizável tendo dois autovalores diferentes, mas ainda assim vamos calcular a multiplicidade geométrica de cada um dos autovalores. Para $\lambda = 1$ a multiplicidade geométrica é a dimensão do espaço da solução da equação $(A - I)\begin{bmatrix} x \\ y \end{bmatrix} = \begin{bmatrix} 0 \\ 0 \end{bmatrix}$ que é a dimensão do espaço dos vetores colunas $\begin{bmatrix} x \\ x \end{bmatrix}$ que certamente é igual a 1 o mesmo que a multiplicidade algébrica de λ. Para outro autovalor a solução é a mesma.

4.6 O surgimento de autovetor generalizado no SED

Começamos com o seguinte exercício, de um SED com matriz de coeficientes não diagonalizável.

(26) (SED com a matriz de coeficiente não diagonalizável) Resolve o sistema seguinte:

$$\begin{cases} x_1'(t) = x_2(t) \\ x_2'(t) = -16x_1(t) + 8x_2(t) \end{cases}.$$

Solução. A matriz de coeficientes desse sistema é $A = \begin{bmatrix} 0 & 1 \\ -16 & 8 \end{bmatrix}$ e possui somente um autovalor $\lambda = 4$ com multiplicidade dois (multiplicidade algébrica) cujo único autovetor é $v = \begin{bmatrix} 1 \\ 4 \end{bmatrix}$. Portanto, por enquanto temos a solução $x_1(t) = e^{4t}v = e^{4t}\begin{bmatrix} 1 \\ 4 \end{bmatrix}$. Para achar a solução $x_2(t)$ podemos aplicar o operador diferencial D ao sistema. Isso nos dará:

$$\begin{cases} Dx_1(t) - x_2(t) = 0 \\ 16x_1(t) + (D - 8)x_2(t) = 0 \end{cases}.$$

Após aplicar $D - 8$ à primeira equação e somando com a segunda, teremos $D(D-8)x_1(t) + 16x_1(t) = 0$. Logo, $(D^2 - 8D + 16)x_1(t) = 0$. O polinômio auxiliar $r^2 - 8r + 16 = (r-4)^2$ não possui raízes distintas e então $x_1(t) = c_1e^{4t} + c_2t\,e^{4t}$. Agora, utilizamos a primeira equação do sistema anterior, e temos que

$$x_2(t) = Dx_1(t) = 4c_1e^{4t} + c_2e^{4t} + 4c_2te^{4t} = 4c_1e^{4t} + c_2(4t+1)e^{4t}.$$

Daí, o vetor (matriz) das soluções é

$$X(t) = \begin{bmatrix} c_1e^{4t} + c_2te^{4t} \\ 4c_1e^{4t} + c_2(4t+1)e^{4t} \end{bmatrix}.$$

Este vetor pode ser decomposto como soma seguinte:

$$X(t) = c_1e^{4t}\begin{bmatrix} 1 \\ 4 \end{bmatrix} + c_2e^{4t}\left(t\begin{bmatrix} 1 \\ 4 \end{bmatrix} + \begin{bmatrix} 0 \\ 1 \end{bmatrix}\right) = c_1x_1(t) + c_2x_2(t).$$

Agora, temos duas soluções linearmente independentes, que são $x_1(t) = e^{4t}\begin{bmatrix} 1 \\ 4 \end{bmatrix}$ e $x_2(t) = e^{4t}\left(t\begin{bmatrix} 1 \\ 4 \end{bmatrix} + \begin{bmatrix} 0 \\ 1 \end{bmatrix}\right)$. Neste sentido o vetor $w = \begin{bmatrix} 0 \\ 1 \end{bmatrix}$ é exatamente o autovetor generalizado para $\lambda = 4$ e $v = \begin{bmatrix} 1 \\ 4 \end{bmatrix}$.

(27) Mostre que os vetores v e w do exercício precedente satisfazem as seguintes equações matriciais:

$$\begin{cases}(A-\lambda I)v = 0\\(A-\lambda I)v = w\end{cases}.$$

Solução. É óbvia após substituir os dados nas equações.

Outra razão para o surgimento de autovetor generalizado na resolução de um SED é o seguinte exercício:

(28) Mostre o seguinte teorema:

Seja $X'(t) = AX(t)$ um SED onde A é a matriz dos coeficientes. Se ela possui uma solução de forma $X(t) = e^{\lambda t}(w + tv)$, então v e w devem satisfazer um sistema de equações matriciais como no exercício precedente.

Solução. Calculando a derivada de $X(t) = e^{\lambda t}(w + tv)$ e a substituindo na referida equação diferencial teremos que:

$$\lambda e^{\lambda t}(w + tv) + e^{\lambda t}v = Ae^{\lambda t}(w + tv).$$

Isso implica que $e^{\lambda t}\big((A-\lambda I)(w + tv) - v\big) = 0$ para todo t real, e onde $e^{\lambda t} \neq 0$. Daí, para todo t temos que $(A - \lambda I)w - v = 0$, e $(A - \lambda I)v = 0$.

Isso completa a solução, ao mesmo tempo explica a presença de autovetor generalizado.

(29) Resolva o SED $X'(t) = AX(t)$ onde $A = \begin{bmatrix}1 & -1\\4 & 5\end{bmatrix}$ com a condição inicial de que $X(0) = \begin{bmatrix}-1\\1\end{bmatrix}$.

Solução. A matriz A possua um autovalor $\lambda = 3$ com multiplicidade algébrica 2. E para este o autovetor associado é $v = \begin{bmatrix}1\\-2\end{bmatrix}$. De acordo com os exercícios acima, para resolver o referido sistema devemos encontrar o autovetor generalizado para v. Para isso, resolvemos a equação $(A - 3I)w = v$. Logo, $w = \begin{bmatrix}-1\\1\end{bmatrix}$. Agora, a solução geral é $X(t) = c_1e^{3t}(w + tv) + c_2e^{3t}v$. A condição inicial implica que $X(0) = w$. Daí, $c_1w + c_2v = w$.

Mas, os vetores v e w são linearmente independentes. Isso implica que $c_1 = 1, c_2 = 0$. Portanto, a solução desejada é $X(t) = e^{3t}(w + tv)$.

4.7 Os anéis e corpos diferenciais

Uma maneira de estudar corpos é por meio de teoria dos grupos e então a teoria de Galois. Esse tópico é algébrico e originalmente nascido para estudar impossibilidade de soluções de equações polinomiais de grau maior que quatro por meios algébricos (radicais) e também, mais tarde, foi considerado para estudar equações diferenciais e assim abriu o caminho para o que hoje conhecemos em nome de Teoria de Lie.

Teoria de Galois diferencial é um tópico para estudar corpos diferenciais por meio de teoria dos grupos. Um corpo diferencial ou um anel diferencial é aquele que está munido com a operação de diferenciação, como corpo de números reais, complexos etc. Nesta parte vamos inicialmente definir diferenciação de forma abstrata sobre anéis e a restringimos aos corpos, e nos exercícios seguintes provamos que esta definição coincide com o conceito de derivada.

Definição 1. Seja R um anel. Uma função $\partial: R \to R$ é dita *função diferencial* (ou simplesmente *diferencial*) quando ela satisfaz as duas propriedades com respeito à soma e multiplicação:

(1) $\partial(a + b) = \partial(a) + \partial(b)$;

(2) $\partial(ab) = \partial(a)b + a\,\partial(b)$

para todo $a, b \in R$.

Quando um anel está munido com uma diferencial, ele é um *anel diferencial*.

(30) Mostre que o anel dos inteiros $\mathbb{Z}$ é um anel diferencial e toda diferencial nela é nula.

Solução. Se ∂ é uma diferencial no $\mathbb{Z}$ vamos inicialmente provar que $\partial(1) = 0$. Para fazer isso aplicamos a segunda condição da definição precedente. Então, temos que:

$$\partial(1) = \partial(1 \cdot 1) = \partial(1)1 + 1\,\partial(1).$$

Pelo fato de que o anel $\mathbb{Z}$ é comutativo, temos que $\partial(1) = 2\partial(1)$. Daí, $\partial(1) = 0$. Em seguida aplicamos a primeira condição e a Indução Matemática e provamos que para todo inteiro positivo n vale $\partial(n) = 0$. Então,

$$\partial(n) = \partial\,(1 + n - 1) = \partial(1) + \partial(n-1) = 0 + 0 = 0.$$

Pela primeira condição também temos que $\partial(0) = \partial(0+0) = \partial(0) + \partial(0)$. Logo, $\partial(0) = 0$. Agora, para provar que para todo inteiro negativo n vale $\partial(n) = 0$, vamos primeiro provar que $\partial(-1) = 0$. Isso é consequência do fato de que $0 = \partial(0) = \partial\big(1 + (-1)\big) = \partial(1) + \partial(-1) = 0 + \partial(-1)$. Portanto, $\partial(-1) = 0$. Todo número inteiro negativo m é igual ao negativo do seu valor absoluto, logo $\partial(m) = \partial(-|m|) = \partial(-1)|m| + (-1)\partial(|m|) =$ $= \partial(|m|)$. Mas, $\partial(|m|) = 0$. Então, $\partial(m) = 0$. Isso mostra que $\mathbb{Z}$ possui somente a diferencial nula.

(31) Seja $n \in \mathbb{Z}$ e $n \neq 0$. Mostre que $\partial\left(\frac{1}{n}\right) = 0$, e $\partial\left(\frac{m}{n}\right) = 0$ para todo inteiro m. Também, mostre, se x é uma variável, então $\partial\left(\frac{1}{x}\right) = -\frac{1}{x^2}\partial(x)$.

Solução. $0 = \partial(1) = \partial\left(\frac{n}{n}\right) = \partial\left(n \cdot \frac{1}{n}\right) = \partial(n)\left(\frac{1}{n}\right) + n\,\partial\left(\frac{1}{n}\right) = n\,\partial\left(\frac{1}{n}\right)$. Logo, quando $n \neq 0$ temos que $\partial\left(\frac{1}{n}\right) = 0$. Para provar que $\partial\left(\frac{m}{n}\right) = 0$ basta notar que $\frac{m}{n}$ é soma de $\frac{1}{n}$ com mesmo m vezes, e aplicar a primeira condição da definição de diferencial, junto com a Indução Matemática.

Agora, para x variável, ainda podemos escrever que $0 = \partial(1) = \partial\left(\frac{x}{x}\right) = \frac{\partial(x)1}{x} + x\,\partial\left(\frac{1}{x}\right)$. Logo, $x\partial\left(\frac{1}{x}\right) = -\frac{1}{x}\partial(x)$. Daí, o resultado desejado.

(32) Suponhamos que x é uma variável. Mostre a fórmula geral de que $\partial(x^n) = n\,\partial(x)\partial(x^{n-1})$ para todo $n \in \mathbb{Z}$.

Solução. Dividimos a solução em duas partes, primeira quando $n \geq 0$. Sabemos que o referido resultado é verdadeiro para quando $n = 0$ ou $n = 1$. Agora aplicamos a Indução Matemática, pois

$$\begin{aligned}\partial(x^n) = \partial(x \cdot x^{n-1}) = {} & \partial(x)x^{n-1} + x\,\partial(x^{n-1}) \\ & = \partial(x)x^{n-1} + x(n-1)\partial(x)\partial(x^{n-2}) \\ & = \partial(x)[\partial(x^{n-1}) + (n-1)\partial(x^{n-1})] = n\partial(x)\partial(x^{n-1}).\end{aligned}$$

Segundo, consideramos o caso onde $n < 0$. Neste caso escrevemos $\partial(x^n) = \partial\left(\frac{1}{x^{-n}}\right) = \left(-\frac{1}{x^{-n}}\right)^2 \partial(x^{-n}) = -x^{-2n}\left(-n\partial(x)\partial(x^{-n-1})\right) = n\partial(x)\partial(x^{n-1})$.

(33) Mostre que $\partial\left(\sqrt{x}\right) = \frac{\partial(x)}{2\sqrt{x}}$.

Solução. Tem-se $\partial(x) = \partial\left(\sqrt{x} \cdot \sqrt{x}\right) = \partial\left(\sqrt{x}\right)\sqrt{x} + \sqrt{x}\partial\left(\sqrt{x}\right) = 2\partial(x)\sqrt{x}$. Logo, o resultado desejado.

As fórmulas semelhantes de derivadas também são facilmente demostradas.

Capítulo 5

A Jacobiana e Aplicações

Iniciamos este capítulo com uma introdução aos aspectos bem conhecidos de matrizes simétricas reais.

O conjunto de matrizes reais $n \times n$ simétricas denotado $V_S = Sim_n(\mathbb{R})$ forma um espaço vetorial sobre corpo de números reais. Para um eventual estudo de matrizes hermitianas complexas mencionamos que o conjunto de matrizes hermitianas $n \times n$ complexas $V_H = Herm_n(\mathbb{C})$ forma um espaço vetorial sobre corpo de números reais, mas não sobre números complexos.

Produto de duas matrizes simétricas ou hermitianas não é necessariamente uma matriz simétrica (respectivamente hermitiana). Logo, com produto usual de matrizes V_S e V_H não formam uma álgebra. Para transformar estes espaços vetoriais nas álgebras podem ser utilizadas outras maneiras de multiplicação de matrizes, como a multiplicação (ou produto) de Jordan.

Os autovalores de todas as matrizes simétricas reais e hermitianas são números reais.

Para matrizes simétricas reais e hermitianas podem ser definidos sinais, como positiva e negativa. Isso implica que podemos falar de matrizes positivas definidas, matrizes negativas definidas e matrizes indefinidas.

Conceito de cones e cones autoduais pode ser definido para matrizes simétricas reais e as hermitianas.

Toda matriz real simétrica é diagonalizável e a matriz diagonalizadora pode ser escolhida ortogonal. Do mesmo modo toda matriz hermitiana complexa é diagonalizável e a sua matriz diagonalizadora pode ser escolhida unitária.

O estudo de matrizes reais simétricas tem muito em comum com as formas quadráticas reais.

Outras propriedades e aspectos fundamentais das matrizes simétricas reais e hermitianas serão apresentados durante este capítulo.

(1) Calcule a dimensão do espaço vetorial V_S, do espaço vetorial V_H e mostre que as matrizes hermitianas não podem formar um espaço vetorial sobre corpo de números complexos.

Solução. A dimensão real de espaço vetorial V_S é o número triangular $\frac{n(n+1)}{2}$.

Se $H \in V_H$ seus elementos de diagonal são todos números reais então eles contribuem n para a dimensão. Por outro lado os diagonais não principais superiores contribuíam

$$2(n-1) + 2(n-2) + \cdots + 2 = 2\left(\frac{(n-1)(n)}{2}\right) = n^2 - n$$

para a dimensão. Logo, a soma $n + n^2 - n = n^2$ é a dimensão real do espaço V_H.

O conjunto V_H não forma um espaço vetorial sobre corpo de números complexos, pois a multiplicação por escalar de um número complexo e uma matriz hermitiana complexa não resulta necessariamente em uma matriz hermitiana complexa.

(2) Considere a matriz simétrica $A = \begin{bmatrix} 13 & -5 \\ -5 & 13 \end{bmatrix}$ e ache explicitamente a matriz ortogonal diagonalizadora para ela.

Solução. Os autovalores de A são $\lambda_1 = 8, \lambda_2 = 18$. Seus autovetores correspondentes são $v_1 = \begin{bmatrix} 1 \\ 1 \end{bmatrix}$ e $v_2 = \begin{bmatrix} 1 \\ -1 \end{bmatrix}$ respectivamente. A matriz diagonalizadora é a matriz cujas colunas são autovetores. Então, ela é $S = \begin{bmatrix} 1 & 1 \\ 1 & -1 \end{bmatrix}$. Essa matriz não é ortogonal, vamos ortogonalizar a matriz S. As linhas (ou as colunas) de S não são vetores unitários, mas são uma perpendicular a outra. Para ortonormalização delas basta dividir por seus comprimentos que é $\sqrt{2}$. Portanto a ortogonalização de S é a matriz $U = \frac{1}{\sqrt{2}} S = \frac{1}{\sqrt{2}} \begin{bmatrix} 1 & 1 \\ 1 & -1 \end{bmatrix}$. Com isso, temos que ${}^tUU = U\,{}^tU = I$. Agora, $UAU^{-1} = \begin{bmatrix} 8 & 0 \\ 0 & 18 \end{bmatrix}$.

(3) Mostre que se uma matriz é diagonalizável por meio da matriz diagonalizadora ortogonal, então ela é simétrica.

Solução. Seja A uma matriz diagonalizável e R uma matriz diagonalizadora ortogonal para ela. Então, existe uma matriz diagonal D tal que $R^{-1}AR = D$. Mas, sendo R ortogonal temos que $R^{-1} = {}^tR$, e daí, ${}^tRAR = D$. Logo, $A = R\,D\,{}^tR$ que implica A é simétrica.

(4) Mostre que uma matriz real é simétrica se, e somente se, ela é diagonalizável e sua matriz diagonalizadora pode ser escolhida ortogonal.

Solução. Se uma matriz real satisfaz as condições indicadas então pelo exercício precedente ela é simétrica. Agora, seja A uma matriz real simétrica $n \times n$. Vamos provar que ela é diagonalizável e que a sua matriz diagonalizadora pode ser escolhida ortogonal. Para isso, aplicamos a Indução Matemática e o método de ortogonalização de Gram-Schmidt. Seja λ_1 um autovalor de A, e v_1 seu autovetor correspondente. No espaço $\mathbb{R}^n$ existem $n-1$ vetores que junto com v_1 formam uma base ortonormal para $\mathbb{R}^n$ (pelo teorema de Gram-Schmidt). Seja

$$S = [v_1 \ v_2 \cdots v_n]$$

esta base colocada como colunas para formar uma matriz S que é ortogonal, pois os vetores $v_1, v_2, \cdots, v_n$ são ortonormal. Multiplicando de esquerda por A, temos que

$$AS = [Av_1 \ Av_2 \ \cdots Av_n] = [\lambda_1 v_1 \ Av_2 \ \cdots Av_n].$$

Seja $M = \ {}^tSAS = \begin{bmatrix} {}^tv_1 \\ \vdots \\ {}^tv_n \end{bmatrix} [\lambda_1 v_1 \ Av_2 \ \cdots Av_n]$. Então, temos que:

$$M = \begin{bmatrix} {}^tv_1\lambda_1 v_1 & {}^tv_1 A v_2 & \cdots & {}^tv_1 A v_n \\ {}^tv_2\lambda_2 v_2 & & & \\ \vdots & & A_1 & \\ {}^tv_n\lambda_1 v_1 & & & \end{bmatrix}$$

onde A_1 é uma matriz $(n-1) \times (n-1)$. Notamos que ${}^tv_1\lambda_1 v_i$ pode ser reescrito como $\lambda_1 \ {}^tv_1 v_i$ e que $\lambda_1 \ {}^tv_1 v_i = 0$ para todo $i = 2, \cdots, n$ pela ortogonalidade. Daí, a matriz M sendo simétrica ela é igual a seguinte:

$$M = \begin{bmatrix} {}^tv_1\lambda_1 v_1 & 0 & \cdots & 0 \\ 0 & & & \\ \vdots & & A_1 & \\ 0 & & & \end{bmatrix} = \begin{bmatrix} \lambda_1 & 0 & \cdots & 0 \\ 0 & & & \\ \vdots & & A_1 & \\ 0 & & & \end{bmatrix},$$

pois pela ortonormalidade temos que ${}^tv_1\lambda_1 v_1 = \lambda_1$. Logo, pelo fato de que a matriz A_1 é simétrica e junto com a hipótese da Indução Matemática, temos que A é semelhante com uma matriz diagonal.

5.1 A jacobiana, medida e a integração

Começamos esta seção como é conhecida em nome de jacobiana e o jacobiano. A jacobiana é uma matriz e o jacobiano é seu determinante. Esse determinante é utilizado para definir a diferencial da integração como coeficiente de produto exterior dos diferenciais para integração múltipla.

(5) Sejam $y_1 = f_1(x_1, x_2), y_2 = f_2(x_1, x_2)$ duas funções de duas variáveis com derivadas parciais existentes. Consideramo-las como transformações (não necessariamente linear) do espaço $\mathbb{R}^2$ em si mesmo. Calcule o jacobiano dessas transformações.

Solução. Este exercício para iniciar o conceito de jacobiana e jacobiano. Pela definição, a jacobiana de f_1 e f_2 é a seguinte matriz 2×2:

$$\begin{bmatrix} \dfrac{\partial f_1}{\partial x_1} & \dfrac{\partial f_1}{\partial x_2} \\ \dfrac{\partial f_2}{\partial x_1} & \dfrac{\partial f_2}{\partial x_2} \end{bmatrix}$$

cuja primeira linha são as derivadas parciais de f_1 com respeito de variáveis x_1 e x_2, sua segunda linha é formada pelas derivadas parciais de f_2 com respeito às mesmas variáveis. O jacobiano dessas transformações é o determinante da matriz precedente. Portanto, se denotamos este por $Jac(f_1, f_2)$, então temos que

$$Jac(f_1, f_2) = \frac{\partial f_1}{\partial x_1}\frac{\partial f_2}{\partial x_2} - \frac{\partial f_1}{\partial x_2}\frac{\partial f_2}{\partial x_1}.$$

Em geral, para uma transformação definida por n funções $y_k = f_k(x_1, x_2, \cdots, x_n)$, para todo $k = 1, \cdots, n$ de $\mathbb{R}^n$ em si mesmo ou de $\mathbb{C}^n$ em si mesmo, definimos a *jacobiana* dessa transformação como a matriz $n \times n$ cujas entradas $\frac{\partial f_i}{\partial x_j}$ para $i, j = 1, 2, \cdots, n$. O determinante dessa matriz é chamado o *jacobiano*.

(6) Ache uma transformação de $\mathbb{R}^3$ em si mesmo cuja jacobiana é uma matriz triangular superior.

Solução. Queremos que na matriz jacobiana $\frac{\partial f_2}{\partial x_1} = \frac{\partial f_3}{\partial x_1} = \frac{\partial f_3}{\partial x_2} = 0$. Para isso podemos escolher $f_2(x_1, x_2, x_3) = x_2 + x_3$, e $f_3(x_1, x_2, x_3) = x_3$ por exemplo.

(7) Calcule o jacobiano da transformação linear $T(x_1, x_2, x_3) = (x_1 + x_2, x_2 + x_3, x_1 + x_3)$. Qual é a matriz dessa transformação na base canônica de $\mathbb{R}^3$?

Solução. Assim, temos que

$$y_1 = f_1(x_1, x_2, x_3) = x_1 + x_2, y_2 = f_2(x_1, x_2, x_3) = x_2 + x_3$$

$$y_3 = f_3(x_1, x_2, x_3) = x_1 + x_3.$$

Logo, $Jac(f_1, f_2, f_3) = \det\begin{bmatrix} 1 & 1 & 0 \\ 0 & 1 & 1 \\ 1 & 0 & 1 \end{bmatrix} = 2$. A matriz da transformação linear na referida base canônica é a mesma que a jacobiana da referida transformação linear.

(8) (jacobiano e produto exterior de diferenciais) Considere as funções $y_1 = f_1(x_1, x_2), y_2 = f_2(x_1, x_2)$. Mostre que vale a seguinte igualdade com respeito de produto exterior:

$$dy_1 \wedge dy_2 = Jac(f_1, f_2) dx_1 \wedge dx_2.$$

Solução. Valem as igualdades $dy_1 = \frac{\partial f_1}{\partial x_1} dx_1 + \frac{\partial f_1}{\partial x_2} dx_2, dy_2 = \frac{\partial f_2}{\partial x_1} dx_1 + \frac{\partial f_2}{\partial x_2} dx_2$. Agora calculamos o produto exterior $dy_1 \wedge dy_2$ que é igual a $\frac{\partial f_1}{\partial x_1}\frac{\partial f_2}{\partial x_2} dx_1 \wedge dx_2 - \frac{\partial f_1}{\partial x_2}\frac{\partial f_2}{\partial x_1} dx_1 \wedge dx_2 = Jac(f_1, f_2) dx_1 \wedge dx_2$, pois sabemos que $dx_1 \wedge dx_1 = 0, dx_2 \wedge dx_1 = -dx_1 \wedge dx_2$. Isso implica o resultado desejado.

Por exemplo, no caso de transformação linear do exercício precedente temos que $dy_1 \wedge dy_2 = 2\, dx_1 \wedge dx_2$.

(9) Sejam $X = \begin{bmatrix} x_1 & x_2 \\ x_3 & x_4 \end{bmatrix}, Y = \begin{bmatrix} y_1 & y_2 \\ y_3 & y_4 \end{bmatrix}$ e $A = \begin{bmatrix} a_1 & a_2 \\ a_3 & a_4 \end{bmatrix}$ que pode ser considerada uma matriz constante de forma que $Y = AX$ é uma transformação linear do espaço vetorial $\mathbb{R}^4$ em si mesmo. Calcule o produto exterior $dy_1 \wedge dy_2 \wedge dy_3 \wedge dy_4$ como função de $dx_1 \wedge dx_2 \wedge dx_3 \wedge dx_4$ utilizando o jacobiano.

Solução. A multiplicação $Y = AX$ mostra para nós que temos as seguintes funções:

$$y_1 = f_1(x_1, x_2, x_3, x_4) = a_1 x_1 + a_2 x_2;$$

$$y_2 = f_2(x_1, x_2, x_3, x_4) = a_1 x_2 + a_2 x_4;$$

$$y_3 = f_3(x_1, x_2, x_3, x_4) = a_3 x_1 + a_4 x_3;$$

$$y_4 = f_4(x_1, x_2, x_3, x_4) = a_3 x_2 + a_4 x_4.$$

Logo, temos que $Jac(f_1, f_2, f_3, f_4) = \det \begin{bmatrix} a_1 & 0 & a_2 & 0 \\ 0 & a_1 & 0 & a_2 \\ a_3 & 0 & a_4 & 0 \\ 0 & a_3 & 0 & a_3 \end{bmatrix} = (\det A)^2.$ Notamos que trocando a segunda coluna com a terceira e depois trocando a segunda linha com a terceira, a matriz jacobiana pode ser reescrita como a matriz em blocos $\begin{bmatrix} A & 0 \\ 0 & A \end{bmatrix}$ que obviamente seu determinante é $(\det A)^2$. Essas duas trocas com certeza não mudam o determinante. Ainda, essas operações de troca de colunas e linhas podem ser explicadas com a multiplicação da matriz permutacional $P = \begin{bmatrix} 1 & 0 & 0 & 0 \\ 0 & 0 & 1 & 0 \\ 0 & 1 & 0 & 0 \\ 0 & 0 & 0 & 1 \end{bmatrix}$ de ambos os lados da matriz jacobiana. Portanto, em resumo, temos que:

$$dy_1 \wedge dy_2 \wedge dy_3 \wedge dy_4 = (\det A)^2 \, dx_1 \wedge dx_2 \wedge dx_3 \wedge dx_4.$$

Esse exercício pode ser expandido a caso das matrizes $n \times n$, e o resultado será o seguinte:

$$dy_1 \wedge dy_2 \wedge,,, \wedge dy_n = (\det A)^n \, dx_1 \wedge dx_2 \wedge,,,, \wedge dx_n.$$

Como sabemos, na teoria da integração múltipla, em vez de produto exterior é utilizado o produto $dx_1dx_2\cdots dx_n$ que na verdade é o produto exterior!

(integração invariante sobre $\mathbb{R}^n$) Antes de anunciar o exercício, vamos relembrar uns exemplos da integração invariante. Sobre o espaço vetorial real $\mathbb{R}$ a integração das funções integráveis f definida como $\int_{-\infty}^{+\infty} f(x)dx$ é invariante no sentido de que com uma mudança de variável $x = t + a$ para algum número constante a temos que:

$$\int_{-\infty}^{+\infty} f(t+a)dt = \int_{-\infty}^{+\infty} f(x\,)dx.$$

De fato, sendo a número real, então quando x varia em todo o intervalo infinito $(-\infty, +\infty)$, também $x + a$ faz o mesmo. Por outro lado, o jacobiano da transformação $x = t + a$ é 1. Logo, a igualdade das integrais precedentes é válida. Isso é dito como a diferencial dx seja invariável sobre o intervalo $(-\infty, +\infty)$.

Antes do próximo exemplo, vamos colocar a teoria de ações de grupos na questão de fórmulas de integração para um entendimento melhor das regras de integração sobre conjuntos. O grupo aditivo dos números reais $\mathbb{R}$ age sobre si mesmo pela adição de números.

No segundo exemplo a seguir, o grupo multiplicativo $\mathbb{R}^+$ dos números reais positivos age sobre si mesmo pela multiplicação de números. Essas ações mencionadas definem uma transformação (função), cujas jacobianas são exploradas para definir a integração.

Como outro exemplo, considere a integração sobre o conjunto dos números reais positivos $\mathbb{R}^+$. Para uma função $f(x)$ integrável sobre este conjunto a integração $\int_{\mathbb{R}^+} f(x)\frac{dx}{x}$ é invariante no sentido de que se $a \in \mathbb{R}^+$ então a mudança da variável $x = ay$ implica ainda na seguinte igualdade das integrais:

$$\int_{\mathbb{R}^+} f(ay)\frac{dy}{y} = \int_{\mathbb{R}^+} f(x)\frac{a^{-1}dx}{a^{-1}x} = \int_{\mathbb{R}^+} f(x)\frac{dx}{x},$$

pois, a medida que x varia em todo $\mathbb{R}^+$ também ay o faz. Neste caso a diferencial $\frac{dx}{x}$ é invariável.

(10) Ache uma integração invariante sobre o espaço vetorial $\mathbb{R}^n$.

Solução. Seja $x = (x_1, x_2, \cdots, x_n) \in \mathbb{R}^n$ e $a = (a_1, a_2, \cdots, a_n) \in \mathbb{R}^n$ também. Considere a soma $y = x + a = (y_1, y_2, \cdots, y_n) = (x_1 + a_1, \cdots, x_n + a_n)$. Daí, temos as transformações (não necessariamente linear) $y_i = f_i(x_1, \cdots, x_n)$ para todo $i = 1, 2, \cdots, n$. O jacobiano para essas transformações é o determinante da matriz identidade (a jacobiana). Logo,

$$dy_1 \wedge dy_2 \wedge,,,\wedge dy_n = dx_1 \wedge dx_2 \wedge,,,\wedge dx_n. \qquad (5.1)$$

Isso implica que para uma função $f(x)$ integrável sobre $\mathbb{R}^n$ temos a seguinte integral múltipla como a fórmula de integração sobre este espaço vetorial:

$$\int_{\mathbb{R}^n} f(x)\ dx = \int_{\mathbb{R}^n} f(x_1, x_2, \cdots, x_n) dx_1 dx_2 \cdots dx_n.$$

Obviamente isso é conhecido para integral dupla e tripla usada em cursos de análise.

(integração invariante sobre $GL_n(\mathbb{R})$) O conjunto das matrizes reais $n \times n$ inversíveis é denotado $GL_n(\mathbb{R})$. Pelo fato de que o produto das matrizes é associativo, que o determinante de produto das matrizes é multiplicativo, e a matriz identidade é inversíve , este conjunto é um *grupo*.

(11) Mostre que no grupo $GL_n(\mathbb{R})$ a diferencial invariante para integração sobre este grupo é dada pela $\frac{dX}{(\det X)^n} = (\det X)^{-n} dX$.

Solução. Como é feito no Exercício 9 considerando a transformação $Y = AX$ vimos que vale a igualdade (5.1) para produto exterior das diferenciais. Logo, como no exemplo de grupo $\mathbb{R}^+$ acima explicado, para uma função $f(X)$ integrável sobre $GL_n(\mathbb{R})$, fica claro que a seguinte integração é invariante com respeito à multiplicação de matrizes, ou seja, com a mudança de variável $X = AY$: vale a seguinte:

$$\begin{aligned}\int_{GL_n(\mathbb{R})} f(AY)\,(\det Y)^{-n}\,dY &= \int_{GL_n(\mathbb{R})} f(X)\,(\det A^{-1}X)^{-n}\,d(AX)\\ &= \int_{GL_n(\mathbb{R})} f(X)\,(\det A)^{n}\,(\det X)^{-n}\,\,(\det A)^{-n}\,dX\\ &= \int_{GL_n(\mathbb{R})} f(X)\,(\det X)^{-n}\,dX,\end{aligned}$$

pois a medida que AY varia em todo $GL_n(\mathbb{R})$ as matrizes X também o fazem.

(12) (Matrizes do tipo Vandermonde) Considere a seguinte transformação do espaço X para o espaço Y dado pelas funções:

$$y_1 = f_1(x_1, x_2, x_3) = x_1 + x_2 + x_3$$

$$y_2 = f_2(x_1, x_2, x_3) = x_1(x_2 + x_3) + x_2(x_1 + x_3) + x_3(x_1 + x_2)$$

$$y_3 = f_3(x_1, x_2, x_3) = x_1x_2x_3.$$

Calcule a sua jacobiana.

Solução. A jacobiana dessa transformação é a seguinte:

$$Jac(f_1, f_2, f_3) = \begin{bmatrix} \frac{\partial f_1}{\partial x_1} & \frac{\partial f_1}{\partial x_2} & \frac{\partial f_1}{\partial x_3} \\ \frac{\partial f_2}{\partial x_1} & \frac{\partial f_2}{\partial x_2} & \frac{\partial f_2}{\partial x_3} \\ \frac{\partial f_3}{\partial x_1} & \frac{\partial f_3}{\partial x_2} & \frac{\partial f_3}{\partial x_3} \end{bmatrix} = \begin{bmatrix} 1 & 1 & 1 \\ x_2 + x_3 & x_1 + x_3 & x_1 + x_2 \\ x_2x_3 & x_1x_3 & x_1x_2 \end{bmatrix}.$$

Essa matriz é uma matriz do *tipo Vandermonde* no sentido de que a troca de variável x_2 por x_1 a primeira e a segunda colunas ficaram iguais, a mesma vale para troca de outras variáveis. Isso é essencialmente o que caracteriza as matrizes Vandermondes, portanto a jacobiana é exatamente igual ao determinante da matriz de Vandermonde:

$$V(x_1, x_2, x_3) = \begin{bmatrix} 1 & 1 & 1 \\ x_1 & x_2 & x_3 \\ x_1^2 & x_2^2 & x_3^2 \end{bmatrix}$$

cujo determinante é igual a $(x_1 - x_2)(x_2 - x_3)(x_1 - x_3)$. Em particular, notamos que as funções f_1, f_2, f_3, são de fato *polinômios simétricos* (veja livro [Sho tmc]). Eles são aqueles polinômios que são preservados com respeito a todas as permutações de n letras, neste caso $n = 3$.

Agora, formalmente definimos o que é uma *matriz do tipo Vandermonde*. É aquela matriz quadrada $n \times n$ com entradas de polinômios de n variáveis que a sua primeira linha consiste em somente o número 1, e trocando a variável x_i por x_j, então a j-ésimo coluna dela ficará igual a sua i-ésimo coluna.

Enquanto a jacobiana do exercício precedente é do tipo Vandermonde, a matriz $\begin{bmatrix} 1 & 1 & 1 \\ x_2 & x_3 & x_1 \\ x_2x_3 & x_1x_3 & x_1x_2 \end{bmatrix}$ não é desse tipo, pois trocando x_2 por x_1 a primeira e a terceira colunas não ficaram iguais.

5.2 Matrizes positivas definidas e função gamma

Uma matriz simétrica $n \times n$ real S é dita *matriz positiva definida*, quando para toda coluna v não nula com n variáveis $x_1, x_2, \cdots, x_n$ o polinômio ${}^t vSv$ de n variáveis é não negativo. Quando o referido polinômio é nulo dizemos que S é uma *matriz indefinida*, e quando ele é positivo, dizemos que S é uma *matriz positiva*.

Devemos notar que existe a noção de matriz positiva no sentido de que é uma matriz real cujas entradas são números positivos. As duas definições são uma independente da outra. Por exemplo, a matriz $R = \begin{bmatrix} 1 & 2 \\ 2 & 1 \end{bmatrix}$ é positiva com todas as entradas positivas, mas ela não é positiva definida. A razão disso é que para $v = \begin{bmatrix} x_1 \\ x_2 \end{bmatrix}$ temos que ${}^t vRv = (x_1 + x_2)^2 + 2x_1x_2$ pode ser negativo quando $x_1 = -x_2$. Para não confundir entre as matrizes positivas definidas quando elas são positivas, e as matrizes positivas que têm entradas positivas, é melhor dizer que as matrizes positivas definidas são matrizes de formas quadráticas positivas definidas, e aquelas que são positivas são matrizes de formas quadráticas positivas. Para matrizes com entradas positivas podemos acrescentar a palavra numérica, e as chamamos de matrizes numéricas positivas. Obviamente, neste conjunto, as matrizes não são necessariamente simétricas. Denotamos por $\wp_n(\mathbb{R})$ o conjunto das matrizes $n \times n$ que são matrizes de formas quadráticas reais positivas.

(13) Caracterize as matrizes positivas definidas 2×2

Solução. Seja $Y_2 = \begin{bmatrix} y_1 & y_2 \\ y_2 & y_3 \end{bmatrix}$ uma matriz simétrica 2×2. Aplicando a definição, escolhemos os vetores colunas $v_1 = \begin{bmatrix} 1 \\ 0 \end{bmatrix}$ e $v_2 = \begin{bmatrix} 0 \\ 1 \end{bmatrix}$, computamos ${}^t v_1 Y_2 v_1 = y_1$, e ${}^t v_2 Y_2 v_2 = y_3$. A condição para Y_2 seja positiva definida implica que $y_1 \geq 0, y_3 \geq 0$. Por outro lado, a matriz simétrica real Y_2 pode ser diagonalizada por meio de uma matriz ortogonal diagonalizadora S. Então, $S^{-1}Y_2S = D$ onde D é uma matriz diagonal cujas entradas de diagonal são autovalores λ_1, λ_2 de Y_2. Sabemos que $S^{-1} = {}^t S$, portanto, temos que ${}^t SY_2S = D$. Logo, ${}^t v_1 \, {}^t S \, Y_2 S v_1 = {}^t v_1 D v_1 = \lambda_1 \geq 0$ e ${}^t v_2 \, {}^t S \, Y_2 S v_2 = {}^t v_2 D v_2 = \lambda_2 \geq 0$. Portanto, os autovalores das matrizes positivas definidas são não negativos, e as entradas de diagonal dessas matrizes também são não negativas. Por outro lado, determinantes de matrizes diagonalizáveis são iguais ao produto dos seus autovalores, daí, tem que:

$$\wp_2(\mathbb{R}) = \left\{ \begin{bmatrix} y_1 & y_2 \\ y_2 & y_3 \end{bmatrix} \middle| \, y_1 \geq 0, y_3 \geq 0, y_1y_3 - y_2^2 \geq 0 \right\}.$$

(14) Mostre que na igualdade precedente, a condição $y_3 \geq 0$ pode ser deduzida das outras duas condições.

Solução. Notamos em particular que a condição $y_3 \geq 0$ é uma consequência de outras duas condições, pois quando $y_1y_3 - y_2^2 \geq 0$, então $y_1y_3 \geq y_2^2 \geq 0$. Logo, se $y_1 \geq 0$, tem se que y_3 não pode ser negativo.

(As matrizes reduzidas) Dizemos que uma matriz simétrica real $\begin{bmatrix} a & b \\ b & c \end{bmatrix}$ é uma *matriz reduzida* se, e somente se, valem as seguintes desigualdades:

$$-a \leq 2b \leq a \leq c \text{ e se } a = c \text{ tem que ter } b \geq 0.$$

(15) Calcule o número de matrizes reduzidas inteiras no conjunto $\wp_2(\mathbb{R})$ uma vez que o valor do determinante é dado.

Solução. Seja $d = ac - b^2$ determinante de uma matriz reduzida de $\wp_2(\mathbb{R})$. Então, $2b \leq a$ e $2b \leq c$. Daí, $4b^2 \leq ac$. Logo, $3b^2 \leq ac - b^2 = d$. Daí, $b^2 \leq d/3$ e, portanto, pode se calcular o número dos inteiros b satisfazendo essa desigualdade. Por outo lado, pode se calcular a quantidade dos inteiros a e c satisfazendo $ac = b^2 + d$.

(16) Mostre que se Y é uma matriz positiva definida, então as suas entradas de diagonal são números não negativos, seus autovalores são não negativos e seu determinante e o traço também são não negativos.

Solução. O mesmo método utilizado para o caso de matrizes 2×2 do exercício precedente.

(17) Mostre que a submatriz menor principal de matrizes positivas definidas é positiva definida

Solução. Basta diagonalizar a matriz positiva definida dada, e observar que assim os autovalores de matriz menor principal também são os de matriz positiva definida, e logo são não negativos.

A teoria de matrizes de formas quadráticas definidas, positivas definidas e positivas, são bem ricas no sentido de que consiste de muitos capítulos. Nesta parte iniciamos com a *decomposição de Cholesky* que diz que toda matriz Y é uma matriz de forma quadrática positiva definida se, e somente se, existe uma matriz triangular inferior X com todas as entradas de diagonal positiva tal que

$$Y = {}^{t}XX \tag{5.2}$$

Seja $T_n^+(\mathbb{R})$ o conjunto das matrizes triangulares inferiores reais cujas entradas de diagonal são positivas. Portanto, na decomposição de Cholesky $X \in T_n^+(\mathbb{R})$.

A condição de que as entradas de diagonal de X sejam positivas é para que a decomposição seja única. Para explicar, seja $Y = \begin{bmatrix} 1 & -1 \\ -1 & 4 \end{bmatrix}$ que é uma matriz de uma forma quadrática positiva explicitamente a forma quadrática $(x_1 - x_2)^2 + 3\,x_2^2$, e ainda temos as seguintes decomposições:

$$Y = \begin{bmatrix} 1 & -1 \\ -1 & 4 \end{bmatrix} = \begin{bmatrix} -\frac{\sqrt{3}}{2} & \frac{1}{2} \\ 0 & -2 \end{bmatrix} \begin{bmatrix} -\frac{\sqrt{3}}{2} & 0 \\ \frac{1}{2} & -2 \end{bmatrix} = \begin{bmatrix} \frac{\sqrt{3}}{2} & -\frac{1}{2} \\ 0 & 2 \end{bmatrix} \begin{bmatrix} \frac{\sqrt{3}}{2} & 0 \\ -\frac{1}{2} & 2 \end{bmatrix}.$$

Então a segunda decomposição é a decomposição de Cholesky.

A decomposição (5.2) de Cholesky define uma transformação do espaço $X_n \in T_n^+(\mathbb{R})$ para o espaço $Y_n \in \wp_n(\mathbb{R})$. Utilizamos o jacobiano dessa transformação para definir uma integral invariante sobre $\wp_n(\mathbb{R})$.

(18) Seja $Y_2 = \begin{bmatrix} y_1 & y_2 \\ y_2 & y_3 \end{bmatrix} \in \wp_2(\mathbb{R})$. Para $X_2 = \begin{bmatrix} x_1 & 0 \\ x_2 & x_3 \end{bmatrix}$, ache o jacobiano de transformação de Cholesky.

Solução. Temos que $Y_2 = {}^tX_2X_2 = \begin{bmatrix} y_1 & y_2 \\ y_2 & y_3 \end{bmatrix} = \begin{bmatrix} x_1^2 & x_1x_2 \\ x_2x_1 & x_2^2 + x_3^2 \end{bmatrix}$, onde $x_1 > 0, x_3 > 0$ e definimos $y_1 = f_1(x_1, x_2, x_3) = x_1^2, y_2 = f_2(x_1, x_2, x_3)$ e $y_3 = f_3(x_1, x_2, x_3) = x_2^2 + x_3^2$. Logo, temos que a jacobiana é $Jac(y_1, y_2, y_3) = \begin{bmatrix} 2x_1 & 0 & 0 \\ x_2 & x_1 & 0 \\ 0 & 2x_2 & 2x_3 \end{bmatrix}$. Portanto, o jacobiano é $\det Jac(y_1, y_2, y_3) = 2^2x_1^2x_3$.

Similarmente, podemos computar a jacobiana e seu determinante para a transformação do espaço $X_3 = \begin{bmatrix} x_1 & 0 & 0 \\ x_2 & x_3 & 0 \\ x_4 & x_5 & x_6 \end{bmatrix} = \begin{bmatrix} \multicolumn{2}{c}{X_2} & \begin{matrix} 0 \\ 0 \end{matrix} \\ x_4 & x_5 & x_6 \end{bmatrix}$ para o espaço $Y_3 = \begin{bmatrix} y_1 & y_2 & y_4 \\ y_2 & y_3 & y_5 \\ y_4 & y_5 & y_6 \end{bmatrix} = \begin{bmatrix} \multicolumn{2}{c}{Y_2} & \begin{matrix} y_4 \\ y_5 \end{matrix} \\ y_4 & y_5 & y_6 \end{bmatrix}$. O resultado é uma matriz 6×6 cuja submatriz menor principal é a jacobiana da transformação de X_2 para Y_2. O jacobiano neste caso é $\det Jac(y_1, \cdots, y_6) = 2^3x_1^3\, x_3^2x_6$. Notamos que este é igual a $2x_1x_3x_6 \det Jac(y_1, y_2, y_3)$. De modo geral, podemos dizer que:

$$\det Jac\left(y_1, y_3 \cdots, y_{\frac{n(n+1)}{2}}\right) = 2 \det Jac\left(y_1, y_3 \cdots, y_{\frac{(n-1)n}{2}}\right) x_1x_3 \cdots x_{\frac{n(n+1)}{2}}.$$

(A função gamma) Iniciamos com a definição de função gamma para espaço $\wp_n(\mathbb{R})$.

Pela definição, a função gamma $\Gamma_n(t)$ para o espaço $\wp_n(\mathbb{R})$ é:

$$\Gamma_n(t) = \int_{\wp_n(\mathbb{R})} (\det Y)^{t - \frac{n+1}{2}} \exp\big(-tr(Y)\big)\, dY. \tag{5.3}$$

Por exemplo, quando $n = 1$, o espaço $\wp_n(\mathbb{R})$ é identificado com o conjunto de números reais positivos. Neste caso $t - \frac{n+1}{2} = t - 1$ e em particular, temos que

$$\Gamma_1(t) = \Gamma(t) = \int_0^{\infty} y^{t-1}e^{-y}dy.$$

Esta é exatamente a função gamma clássica, representada por uma integral imprópria.

(19) Explicitamente calcule a função $\Gamma_2(t)$.

Solução. Para $n = 2$ de acordo com o exercício precedente temos que a diferencial $dY = 2^2x_1^2x_3dx_1dx_2dx_3$ e $tr(Y) = x_1^2 + x_2^2 + x_3^2$ que é uma forma quadrática positiva. Quando $n = 2$, temos que $t - \frac{n+1}{2} = t - \frac{3}{2}$, e $\det Y = \det(X)\det({}^tX) = x_1^2x_3^2$. Portanto,

$$\Gamma_2(t) = \int_{\wp_2(\mathbb{R})} (x_1^2x_3^2)^{t-\frac{3}{2}} e^{-(x_1^2+x_2^2+x_3^2)}2^2x_1^2x_3dx_1dx_2dx_3.$$

Após identificar $\wp_2(\mathbb{R})$ com o espaço das matrizes simétricas reais $\begin{bmatrix} x_1 & x_2 \\ x_2 & x_3 \end{bmatrix}$ onde $x_1 \geq 0, x_3 \geq 0$ e $x_2 \in (-\infty, +\infty)$ temos que:

$$\Gamma_2(t) = 4\int_{-\infty}^{+\infty} e^{-x^2}\,dx_2 \int_0^{+\infty} x_1^{2t-1}e^{-x_1^2}dx_1 \int_0^{+\infty} x_3^{2t-2}e^{-x_3^2}dx_3.$$

Mas, $\int_{-\infty}^{+\infty} e^{-x^2}\,dx_2 = \sqrt{\pi}$ e também temos que $2\int_0^{+\infty} x_1^{2t-1}e^{-x_1^2}dx_1 = \int_0^{+\infty} 2x_1x_1^{2t-2}e^{-x_1^2}dx_1$. Agora com uma mudança de variável $x_1^2 = u$, temos que:

$$\int_0^{+\infty} 2x_1x_1^{2t-2}e^{-x_1^2}dx_1 = \int_0^{+\infty} u^{t-1}e^{-u}du = \Gamma(t).$$

Similarmente, vale a seguinte:

$$2\int_0^{+\infty} x_3^{2t-2}e^{-x_3^2}dx_3 = \int_0^{+\infty} 2x_3(x_3^2)^{t-\frac{3}{2}}\,e^{-x_3^2}dx_3 = \int_0^{+\infty} u^{t-\frac{3}{2}}\,e^{-u}du$$

onde, a integral do lado direito é consequência de uma mudança de variável $x_3^2 = u$ e a integral do lado direito da igualdade precedente é a mesma que $\Gamma\left(t - \frac{1}{2}\right)$. Em resumo, então temos que:

$$\Gamma_2(t) = \sqrt{\pi}\Gamma(t)\,\Gamma\left(t - \frac{1}{2}\right).$$

A fórmula geral para a função gamma do conjunto $\wp_n(\mathbb{R})$ é a seguinte:

$$\Gamma_n(t) = \pi^{\frac{n(n-1)}{4}} \prod_{r=1}^{n} \Gamma\left(t - \frac{r-1}{2}\right). \qquad (5.4)$$

Pode ser dita que esta é a mesma função Γ introduzida por Koecher (veja o artigo de Satake-Ogata de 1989).

(Geometria de $\wp_n(\mathbb{R})$) Num espaço vetorial V um subconjunto não vazio $C \subseteq V$ é dito *cone* (ou *cone geral*) se, e somente se, vale a condição:

$$\alpha v \in C \text{ para todo } v \in V \text{ e todo } \alpha \in \mathbb{R}. \qquad (5.5)$$

O subconjunto C é um *cone positivo* quando a condição precedente somente vale para $\alpha > 0$. Similarmente podemos definir cones negativos.

Pela definição precedente, todo espaço vetorial real é um cone, e também o conjunto não vazio que somente contém o vetor nulo é um cone. O conjunto de pares $(x, y) \in \mathbb{R}^2$ onde $x \geq 0, y \geq 0$ é um cone positivo. O seguinte também é um cone positivo:

$$\{(x, y) \in \mathbb{R}^2 | x \leq 0, y \leq 0\}.$$

Um subconjunto não vazio W é dito *conjunto convexo* se, e somente se, o segmento que une qualquer dois pontos de W estiver completamente contido em W. Isso é o mesmo que dizer para todos os pontos $x, y \in W$, e todo número $0 < \alpha < 1$, vale a condição de $\alpha x + (1 - \alpha)y \in W$.

(20) Mostre que um cone é um cone convexo se, e somente se, vale a seguinte condição:

$$\beta x + \gamma y \in C \text{ para todo } x, y \in C \text{ e todo } \beta > 0, \gamma > 0 \text{ números reais} \quad (5.6)$$

Solução. Se C é um cone convexo, na definição de cones convexos podemos escolher $\beta = \alpha$ e $\gamma = 1 - \alpha$. Logo vale a condição precedente (5.6). Reciprocamente, se vale a referida condição podemos achar números reais r, s e α tais que $\beta = r\,\alpha, \gamma = s(1-\alpha)$. Daí,

$$\beta x + \gamma y = r\alpha x + s(1-\alpha)y.$$

Mas, $x' = r\,x \in C, y' = sy \in C$ também. Logo $\alpha x' + (1-\alpha)y' \in C$. Então, $\beta x + \gamma y = \alpha x' + (1-\alpha)y' \in C$.

Seja $\wp_n(\mathbb{R})$ o cone das matrizes reais $n \times n$ positivas definidas e $\wp_n^+(\mathbb{R})$ o subconjunto das matrizes estritamente positivas definidas. Assim, $\wp_n^+(\mathbb{R})$ é um subconjunto aberto e é um cone positivo. A matriz nula é um elemento de $\wp_n(\mathbb{R})$ mas, não de $\wp_n^+(\mathbb{R})$. A matriz nula é chamada vértice de cone $\wp_n(\mathbb{R})$ e também de $\wp_n^+(\mathbb{R})$.

(21) Ache explicitamente o conjunto $\wp_2^+(\mathbb{R})$ e mostre que ele é aberto em $\wp_2(\mathbb{R})$ na topologia de $\mathbb{R}^3$.

Solução. Para representar os elementos de $\wp_2(\mathbb{R})$ são necessárias matrizes simétricas 2×2 que são de 3 variáveis independentes. Logo, qualquer elemento do $\wp_2(\mathbb{R})$ pode ser identificado com o triplo real (y_1, y_2, y_3). Essa identificação é um isomorfismo topológico de $\wp_2(\mathbb{R})$ em $\mathbb{R}^3$. Agora, o conjunto $\wp_2^+(\mathbb{R})$ é o seguinte:

$$\wp_2(\mathbb{R}) = \{\begin{bmatrix} y_1 & y_2 \\ y_2 & y_3 \end{bmatrix} | y_1 \geq 0, y_3 \geq 0, y_1 y_3 - y_2^2 \geq 0\};$$

$$\wp_2^+(\mathbb{R}) = \{\begin{bmatrix} y_1 & y_2 \\ y_2 & y_3 \end{bmatrix} | y_1 > 0, y_3 > 0, y_1 y_3 - y_2^2 > 0\}.$$

(22) Mostre que a interseção e união de cones é um cone. Dê uma definição para soma de cones e mostre que o resultado é um cone.

Solução. A solução para a primeira parte é fácil. Então, para a segunda parte, definimos a soma de cones do mesmo espaço vetorial como a *soma de Minkowski*. Se C_1 e C_2 são dois cones do mesmo espaço vetorial definimos $C_1 + C_2 = \{w_1 + w_2 | w_1 \in C_1, w_2 \in C_2\}$. Agora é fácil provar que $C_1 + C_2$ é um cone.

(23) (Diferencial invariante sobre $\wp_n^+(\mathbb{R})$) Para definir integração sobre o cone $\wp_n(\mathbb{R})$ utilizamos a ação de $GL_n(\mathbb{R})$ e então uma transformação de $\wp_n(\mathbb{R})$ em si mesmo. Primeiro, mostre que a função:

$$GL_n(\mathbb{R}) \times \wp_n(\mathbb{R}) \to \wp_n(\mathbb{R})$$

dada pela $g \cdot Y = (g, Y) = gY\ {}^t g$ é uma ação. Em seguida mostre que para casos $n = 1, n = 2$ que o seguinte diferencial,

$$d(Y) = (\det Y)^{\frac{-n-1}{2}} \prod_{i \geq j} dy_{ij}$$

é invariante sobre $\wp_n^+(\mathbb{R})$ com respeito da ação de $GL_n(\mathbb{R})$.

Solução. A resposta de que a função $g \cdot Y$ é uma ação é simples, pois em primeiro lugar $g \cdot Y$ é uma matriz simétrica positiva definida, em segundo lugar quando $g = I$ a matriz identidade, temos que $g \cdot Y = Y$, e em terceiro lugar, a multiplicação de matrizes é associativa.

Quando $n = 1$ então $\wp_n^+(\mathbb{R}) = \mathbb{R}^+$, e $GL_n(\mathbb{R}) = \mathbb{R}^* = \mathbb{R} - \{0\}$. Portanto, neste caso $g \in GL_n(\mathbb{R})$ é simplesmente um número real não nulo, e Y é um número real positivo. Daí, $U = gY\ {}^t g = g^2 Y$, e então, $dU = a^2 dY$. Logo,

$$d(U) = (\det U)^{-1}\, dU = g^{-2} Y^{-1} g^2 dY = \frac{dY}{Y} = d(Y)$$

um resultado já conhecido para diferencial invariante sobre $\mathbb{R}^+$.

Quando $n = 2$, seja $g = \begin{bmatrix} a_1 & a_2 \\ a_3 & a_4 \end{bmatrix}$, $Y = \begin{bmatrix} y_1 & y_2 \\ y_2 & y_3 \end{bmatrix}$. Então,

$$U = gY\,{}^t g$$
$$= \begin{bmatrix} a_1^2 y_1 + 2a_1a_2y_2 + a_2^2 y_3 & a_1a_3y_1 + (a_2a_3 + a_1a_4)y_2 + a_2a_4y_3 \\ a_1a_3y_1 + (a_2a_3 + a_1a_4)y_2 + a_2a_4y_3 & a_3^2 y_1 + 2a_3a_4y_2 + a_4^2 y_3 \end{bmatrix}$$

Agora, seja

$$u_1 = f_1(y_1, y_2, y_3) = a_1^2 y_1 + 2\,a_1a_2y_2 + a_2^2 y_3$$

$$u_2 = f_2(y_1, y_2, y_3) = a_1a_3y_1 + (a_2a_3 + a_1a_4)y_2 + a_2a_4y_3$$

$$u_3 = f_3(y_1, y_2, y_3) = a_3^2 y_1 + 2\,a_3a_4y_2 + a_4^2 y_3.$$

Daí, a jacobiana dessa transformação será:

$$Jac(u_1, u_2, u_3) = \begin{bmatrix} a_1^2 & 2a_1a_2 & a_2^2 \\ a_3a_1 & a_2a_3 + a_1a_4 & a_2a_4 \\ a_3^2 & 2a_3a_4 & a_4^2 \end{bmatrix}$$

e seu determinante, o jacobiano é igual a $\det Jac(u_1, u_2, u_3) = (\det g)^3$. Agora,

$\det(U) = (\det U)^{-\frac{3}{2}} \prod_{i \geq j} du_{ij} = (\det g)^{-3} (\det Y)^{-\frac{3}{2}} du_1 du_2 du_3 =$

$(\det g)^{-3} (\det Y)^{-\frac{3}{2}} (\det g)^3\, dy_1 dy_2 dy_3 = d(Y).$

Isso mostra que o referido diferencial é invariante.

(Integração invariante sobre $\wp_n^+(\mathbb{R})$) Com uso de diferencial invariante do exercício precedente definimos para uma função $f(Y)$ integrável sobre $\wp_n^+(\mathbb{R})$ a integral invariante pela:

$$\int_{\wp_n^+(\mathbb{R})} f(Y) d(Y)$$

Podemos transformar esta integral por meio de decomposição de Cholesky a seguinte integral:

$$\int_{\wp_n^+(\mathbb{R})} f(Y)d(Y) = 2^n \int_{T_n(\mathbb{R})} f(X\ {}^tX) \prod_{j=1}^{n} x_{jj}^{j-n-1} \prod_{i\geq j} dx_{ij}$$

(24) Calcule a integral da função $f(Y) = \exp(-trY)$ sobre $\wp_2^+(\mathbb{R})$.

Solução. De acordo com a fórmula dada, temos que

$$\int_{\wp_2^+(\mathbb{R})} f(Y)d(Y) = 2^2 \int_{T_2(\mathbb{R})} \exp(-x_1^2 - x_2^2 - x_3^2)\, x_1^{-2} x_3^{-1} dx_1 dx_2 dx_3$$

onde $\begin{bmatrix} x_1 & 0 \\ x_2 & x_3 \end{bmatrix} \in T_2(\mathbb{R})$. Essa integral é a mesma que $\Gamma_2(t)$, para $t = \frac{3}{2}$. Portanto, o valor da integral é $\sqrt{\pi}\Gamma\left(\frac{3}{2}\right)$, pois $\Gamma(1) = 1$.

(25) Considere a ação de $GL_n(\mathbb{R})$ sobre o cone positivo $\wp_n^+(\mathbb{R})$ e mostre que o quociente das classes laterais pela direita dos grupos $O(n)\backslash GL_n(\mathbb{R})$ pode ser identificado com $\wp_n^+(\mathbb{R})$.

Solução. A referida ação, como é explicado no Exercício 23, é dada pela $g \cdot Y = (g, Y) = gY\ {}^tg$. Considerando $Y = I$ matriz identidade determinando o ponto fixo com respeito dessa ação para I, tem $g \cdot I = I$, que implica em $g\ {}^tg = I$. Logo, o subgrupo de ponto fixo é o grupo ortogonal $O(n)$. Agora, pelo Teorema de identificação (veja livro [Sho alg1]) temos o resultado desejado, pois essa ação é sobrejetora.

(26) (A representação exponencial de matrizes positivas) Mostre que toda matriz de $\wp_n^+(\mathbb{R})$ pode ser representada pela matriz real simétrica.

Solução. Seja A uma matriz real simétrica. Então ela é diagonalizável e seus autovalores são reais. Se a matriz diagonalizadora ortogonal é denotada S, temos que $S^{-1}AS = D$ é uma matriz diagonal. Em particular, $S^{-1}\exp(A)\,S = \exp(D)$. Daí, os autovalores de $\exp(A) = S\exp(D)\ {}^tS$ são todos positivos e, ela é simétrica real. Logo, $\exp(A) \in \wp_n^+(\mathbb{R})$. Reciprocamente, seja $Y \in \wp_n^+(\mathbb{R})$, vamos provar que existe uma matriz real simétrica A tal que $Y = \exp(A)$. Sabendo que ela possui autovalores positivos, utilizamos a matriz diagonalizadora ortogonal R para diagonalizar Y. Então $R^{-1}YR = L$ é diagonal. Daí, $Y = R\log(L)\ {}^tR$. Então, podemos definir $A = R\log(L)\ {}^tR$. Obviamente, A é simétrica real.

Esse exercício mostra que existe a função exponencial do espaço vetorial $Sim_n(\mathbb{R})$ no cone positivo $\wp_n^+(\mathbb{R})$, e que ela é sobrejetora.

(27) Mostre que o produto de duas matrizes positivas é uma matriz positiva.

Solução. Utilizamos o exercício precedente. Sejam Y_1 e Y_2 duas matriz de $\wp_n^+(\mathbb{R})$. Então, existem matrizes reais simétricas A_1 e A_2 tais que $Y_1 = \exp(A_1)$ e $Y_2 = \exp(A_2)$ respectivamente. Logo, $Y_1Y_2 = \exp(A_1 + A_2)$. Mas, $A_1 + A_2 \in Sim_n(\mathbb{R})$, portanto, pelo exercício precedente, tem se que $Y_1Y_2 \in \wp_n^+(\mathbb{R})$.

(28) Mostre que a interseção do grupo ortogonal e o cone de matrizes positivas é o conjunto que contém somente a matriz identidade. Isto é que $O(n) \cap \wp_n^+(\mathbb{R}) = \{I\}$.

Solução. Seja $A \in O(n) \cap \wp_n^+(\mathbb{R})$. Então, $A = A^{-1}$, pois $A \in O(n)$. Essa igualdade mostra que os autovalores de A são ± 1. Mas, sendo $A \in \wp_n^+(\mathbb{R})$ então seus autovalores são positivos, e portanto, todos são igual a $+1$. Isso implica que $A = I$.

(29) Considere a matriz real simétrica $A = \begin{bmatrix} 0 & a \\ a & 0 \end{bmatrix}$ e ache a sua imagem em $\wp_2^+(\mathbb{R})$ pela função exponencial.

Solução. Os autovalores de A são $\lambda_1 = a, \lambda_2 = -a$. Seus autovetores correspondentes são $v_1 = \begin{bmatrix} 1 \\ 1 \end{bmatrix}, v_2 = \begin{bmatrix} 1 \\ -1 \end{bmatrix}$. A matriz diagonalizadora é $S = \begin{bmatrix} 1 & 1 \\ 1 & -1 \end{bmatrix}$. A matriz diagonalizadora ortogonal após ortogonalizar a S é $R = 1/\sqrt{2}\begin{bmatrix} 1 & 1 \\ 1 & -1 \end{bmatrix}$. Logo, ${}^tRAR = \begin{bmatrix} a & 0 \\ 0 & -a \end{bmatrix} = D$. Portanto, $RD\ {}^tR = A$.

Por outro lado, $\exp(A) = R\exp(D)\ {}^tR = \frac{1}{2}\begin{bmatrix} e^a + e^{-a} & e^a - e^{-a} \\ e^a - e^{-a} & e^a + e^{-a} \end{bmatrix} = \begin{bmatrix} \cosh a & \operatorname{senh} a \\ \operatorname{senh} a & \cosh a \end{bmatrix} \in \wp_2^+(\mathbb{R})$.

(30) Mostre que a função exponencial $\exp: Sim_n(\mathbb{R}) \to \wp_n^+(\mathbb{R})$ é injetora.

Solução. Sejam $\exp(X_1) = \exp(X_2)$ onde ambas $X_1, X_2 \in Sim_n(\mathbb{R})$. Notamos que não há garantia de que aplicando logaritmo a essa igualdade implicaria que as matrizes X_1 e X_2 são iguais (veja Teorema 2 do Capítulo 2). Mas, vamos provar por outro caminho de que vale $X_1 = X_2$. Para isso sejam λ_i para $i = 1,2,\cdots,n$ os autovalores de X_2, e $f(x)$ o polinômio interpolador de pontos $(\lambda_i, e^{\lambda_i})$. Utilizando diagonalização ortogonal temos que $X_1 = S_1^{-1}D_1S_1$, $X_2 = S_2^{-1}D_2S_2$ para algumas matrizes ortogonais S_1 e S_2 e matrizes diagonais D_1 e D_2. Logo, $\exp(X_1) = S_1^{-1}\exp(D_1)\,S_1$ e $\exp(X_2) = S_2^{-1}\exp(D_2)\,S_2$. Agora, mostramos que X_1 e X_2 comutam entre si. De fato, pela igualdade $f(e^{\lambda_i}) = \lambda_i$ temos que $f(\exp(X_2)) = X_2$, e logo:

$$\begin{aligned} X_1X_2 = X_1\, f(\exp(X_2)) = X_1\, f(\exp(X_1)) = f(\exp(X_1))\, X_1 = f(\exp(X_2))\, X_1 \\ = X_2X_1. \end{aligned}$$

Isso implica que existe uma matriz diagonalizadora ortogonal comum S para diagonalizar ambas as matrizes X_1 e X_2 simultaneamente. Daí,

$$\exp(X_1) = \exp(X_2) \Rightarrow S^{-1}\exp(D_1)\, S = S^{-1}\exp(D_2)\, S.$$

Logo, $\exp(D_1) = \exp(D_2)$, e se μ_i são os autovalores de X_1 temos que $e^{\lambda_i} = e^{\mu_i} \Rightarrow \lambda_i = \mu_i$. Logo, $D_1 = D_2$ e, portanto $X_1 = X_2$.

Obviamente, como o Exercício (33) do Capítulo 2 mostra existem matrizes cujos exponenciais são iguais sem que elas mesmas sejam iguais. Por isso, na solução precedente não poderíamos ter dito que a igualdade $\exp(X_1) = \exp(X_2)$ implicaria na igualdade $X_1 = X_2$, exceto quando elas são reais simétricas, e certamente quando elas são matrizes 1×1.

ÍNDICE REMISSIVO

R

S

T

V

W

Referências Bibliográficas

[Rud] Rudin, W., Functional analysis.

Publicado pela editora McGraw, New York, 1973.

[Sho alg1] Shokranian, S., Álgebra 1.

Publicado pela editora Ciência Moderna, Rio de Janeiro, 2009.

[Sho ual] Shokranian, S., Uma Introdução à Álgebra Linear.

Publicado pela editora Ciência Moderna, Rio de Janeiro, 2009.

[Sho exal1] Shokranian, S., Exercícios em Álgebra Linear 1.

Publicado pela editora Ciência Moderna, Rio de Janeiro, 2009.

[Sho exal2] Shokranian, S., Exercícios em Álgebra Linear 2.

Publicado pela editora Ciência Moderna, Rio de Janeiro, 2009.

[Sho exemp1] Shokranian, S., Exemplos de Álgebra Linear sobre Corpos.

Publicado pela editora Ciência Moderna, Rio de Janeiro, 2015.

[sho uvc] Shokranian, S., Uma Introdução à Variável Complexa.

Publicado pela editora Ciência Moderna, Rio de Janeiro, 2011.

[Sho tmc] Shokranian, S., Tópicos e Métodos Computacionais.

Publicado pela editora Ciência Moderna, Rio de Janeiro, 2009.

Impressão e acabamento
Gráfica da Editora Ciência Moderna Ltda.
Tel: (21) 2201-6662